智能城市与生态设计
smartcities
+ eco-warriors

［马来西亚］ 林纯正　刘依德　著
贾丽奇　彭 琳　刘海龙　译

U0350511

智能城市与生态设计

smartcities +eco-warriors

[马来西亚] 林纯正　刘依德　　　　　著

贾丽奇　彭　琳　刘海龙　译

中国建筑工业出版社

著作权合同登记图字：01-2011-5499号

图书在版编目（CIP）数据

智能城市与生态设计 /（马来西亚）林纯正，刘依德著；贾丽奇，彭琳，
刘海龙译.—北京：中国建筑工业出版社，2013.8
　ISBN 978-7-112-15604-7

　Ⅰ.①智…　Ⅱ.①林…②刘…③贾…④彭…⑤刘…　Ⅲ.①城市环境-生态
环境-城市规划-研究　Ⅳ.①X21

　中国版本图书馆CIP数据核字（2013）第170989号

责任编辑：董苏华
责任设计：董建平
责任校对：陈晶晶　王雪竹

智能城市与生态设计

[马来西亚] 林纯正　刘依德　著

贾丽奇　彭　琳　刘海龙　译
　　＊
中国建筑工业出版社出版、发行（北京西郊百万庄）
各地新华书店、建筑书店经销
北 京 嘉 泰 利 德 公 司 制 版
北京中科印刷有限公司印刷
　　＊
开本：850×1168毫米　1/16　印张：15¾　字数：430千字
2013年10月第一版　2013年10月第一次印刷
定价：138.00元
ISBN 978-7-112-15604-7
　　（23455）
版权所有　翻印必究
如有印装质量问题，可寄本社退换
（邮政编码　100037）

目　录

前　言

何谓"智能城市"（Smartcity）？"智能城市"是一个愿景，是21世纪的我们认真对待可持续生活，并希望为子孙后代留些遗产之时，城市可能呈现出的景象。智能城市拒绝被动地去应对现代生活中各式各样的问题，而是以"人"——构成任何一个城市的关键要素——作为根本出发点和基本依据，探讨我们生活的首要原则。

本书是林纯正及其第8建筑工作室（CJ Lim & Studio 8 Architects）对可持续城市设计多年不断探索的结晶。他们的探索始于2001年完成的"振兴芝加哥杜萨布尔公园社区景观"提案，之后在光明智能城市——位于中国南方的一个拥有20万居民的新镇——规划中酝酿成熟。智能城市从建筑的视角，而非规划、环境工程或社会经济的视角去构想城市的未来。当前，关于可持续性的探讨抑或聚焦于建筑单体的生态设计技术内容，抑或致力于建立城市环境规划的基本原则。而本书尝试回答以下问题：当可持续设计应用于城市尺度时，空间和现象学层面的蕴意是什么，可能催生何种新的混合型项目和景观，以及首先身为公民而非设计师的我们将在社会空间营造中发挥怎样的作用。

本书围绕一系列国际案例研究展开，其中一些受政府委托，另外还包括一些具有探索性和思辨性的案例。与规划师相比，建筑师对城市设计理解的不同之处在于，建筑师具备人体尺度设计的敏感性。在维特鲁威、达·芬奇、阿尔伯蒂和勒·柯布西耶等建筑师的设计传统中所应用的模数同样贯穿于本书中的项目始末，只不过这里的"模数"与社会关系紧密相关，而不是物理维度的几何比率。因而，设计中时常提及城市客厅、园林城市和都市地毯（metropolitan carpets）等本土术语。

智能城市的核心是都市农业——自然和建筑形式之间生态共生关系的建立。纵观人类历史进程，工业经济代替农业经济，之后又被后工业经济取而代之。而智能城市主张，唯有一种能够使得农业、能源和工业三者相互依赖并自我延续的循环经济，才是历史进程的下一阶段，也是终极阶段。

最后，智能城市是一项宣言，一种激励。它不应被视为建筑师固执己见的尝试，而是对规划者、政治家、科学家和工程师发出的邀请，邀请他们参与更加全面深入的对话和行动。因此，本书以与本人立场有所分歧的专家们执笔的一系列文章作为结尾，其中包括食品城市主义者卡罗琳·斯蒂尔（Carolyn Steel）、麻省理工学院的建筑史学家马克·哲伯克（Mark Jarzombek）和环境与发展国际研究所（IIED）的戴维·萨特思韦特（David Satterthwaite）等。

城市乌托邦和智能城市

"乌托邦"（UTOPIA）

名词

一个想象中的一切都是完美的地方或事物的状态。这个词最早见于托马斯·莫尔（Thomas More）爵士在 1516 年所写的《乌托邦》（Utopia）一书。反义词是反乌托邦（dystopia）。

词源：希腊语中的 ou（not，没有的）+ topos（place，地方）。[1]

截至落笔之时，占全球总人口一半以上的约 33 亿人居住在城市地区，预计至 2030 年将增至 50 亿人。[2] 与此同时，我们却正在经历着一场全球性的粮食危机，导致这场危机的原因有生产效率的低下、粮食作物生产转向生物燃料生产的政府政策、气候变化、人口成倍增长引起的需求的持续加大等等。世界正在走向农业减产，其降幅依据目前全球干旱的严重程度和持续时间长度不同可达 20% ~ 40%。因此，粮食生产国正在对粮食出口加以限制。粮食价格将会猛涨，而粮食短缺的贫困国家将会有数百万人忍饥挨饿。[3]

1992 年 11 月，1700 位世界著名科学家向全人类发出警告，强烈要求人类对不可持续地大量消耗有限的能源、不计后果地排放有害废水，以及排放那些会不可逆地伤害我们充满生命的行星系统的温室气体等等问题作出回应。[4] 尽管，为防止人类活动对气候系统造成不利影响的《京都议定书》已于 2005 年 2 月生效，议定书签约国却似乎不太可能履行相关义务。《盖亚的复仇》和《消失的盖亚》两部书的作者詹姆斯·洛夫洛克（James Lovelock）预见到，一场不可避免的剧烈气候变化将导致环境变得不太适宜人类栖居。人性的缺失将激起大规模的"持续性倒退"（sustainable retreat），在洛夫洛克的设想中，"地球将面目全非，届时全球倒退进入一个由残酷的军阀统治的浑噩混沌的世界"。[5]

与此同时，以资本积累为前提、罔顾社会福利和就业的世界经济秩序正不可避免地导致社会经济的两极分化，使其成为一个由特权阶级和贫困人群构成的支离破碎的社会。现代都市人口过多，轻则导致社会关系的疏离，重则导致暴力和镇压相伴的大规模管控。正如勒菲弗（Lefebvre）1970 年在《城市革命》书中所述，大城市使不平等合法化，是建立专制权力、迫使乡村为其服务的最有利的温床。[6] 早

1. 'Oxford Pocket Dictionary of Current English', Oxford University Press, USA, 2009

2. J Moncrieffe et al., 'UNFPA State of world population 2008 Report', United Nations Population Fund, New York, 2008

3. E deCarbonnel, 'Catastrophic Fall in 2009 Global Food Production', Global Research, retrieved 3 September 2009, www.globalresearch.ca/index.php?context=va&aid=12252

4. 'World scientist's warning to humanity', authored by Henry Kendall, former chair of the Union of Concerned Scientists and endorsed by the majority of Nobel laureates in the sciences

5. J Lovelock, 'The Revenge of Gaia: Why the Earth is Fighting Back and How We Can Still Save Humanity,' Allen Lane, London, 2006, p.154

6. H Lefebvre, 'La Révolution Urbaine', Gallimard, Paris, 1970

对面页：由美国航空航天局拍摄的堪萨斯州区域的地球观测照片：使用枢轴灌溉的玉米、高粱和小麦作物

在城市遭受虚拟世界中的远程信息处理冲击之前，情境主义者已将城市的异化本质描述为一个奇怪的拥挤与孤独并存的混合体。互联网和网上交易的出现促成了一个由不具名陌生人组成的社会，这种匿名制使得人所受到的社会约束也相应减少了。

全球饥荒、受污染的地球、社会崩溃——文明，似乎正带着我们踏上毁灭之路，指引我们走向反乌托邦而非乌托邦。洛夫洛克甚至预言，人们更有可能从科幻小说家或宗教先知，而不是从备受尊崇的环境科学家那里获知天启的未来。事实上，人们至今尚未能充分理解气候的复杂性和所有的影响因素，因而拒绝承认气候变化似乎亦存在合理之处。然而，不论气候变化是否被夸大其辞，全球的科学界已就森林砍伐和化石燃料燃烧导致了重大环境问题这一点达成了高度一致的共识。毋庸置疑，全球粮食安全危机正在不断加剧，但直至最近，这一事实才被媒体报道，并推动了政府行动。随着城市环境不可避免地呈现出指数增长，我们必须怀着乌托邦的愿景，重新评估融入未来城市发展的粮食生产机制、合理的能源利用及社会凝聚力。

依据词义，乌托邦是指无法到达的目的地，因而乌托邦一词自诞生之初便饱受猛烈的抨击。"乌托邦"往往带有贬义色彩，用于形容那些以"替换现实"为主要特点，而不是着眼于处理紧迫的社会现实问题的提议。然而，这样的批评没有理解乌托邦的深意，忽视了乌托邦愿景的潜在影响力。柏拉图的《共和国》（公元前400年）、托马斯·莫尔的《乌托邦》（1516）和弗朗西斯·培根的《新亚特兰蒂斯》（1627）等书的要义既不是幻想，也不是蓝图的具象化，而是对笔下的社会的反思。更重要的是，他们为致力于改善现状的新社区发展和演变提供了前驱性的参考。例如，埃比尼泽·霍华德的田园城市是受到美国律师爱德华·贝拉米（Edward BetLamy）1888年所写的乌托邦小说《向后看：2000—1887》的启发。贝特拉米的小说一出版便成为当时第三大畅销书，迅速引发了一场群众运动，小说中描述的理想社区也成为现世遵从的典范。英国的莱奇沃思田园城市（Letchworth Garden City）和韦林田园城市（Welwyn Garden City）均根据霍华德提出的由开放空间、公园和径向林荫大道组成的同心圆模式建造，住房、农业和工业都经过精心地整合。目前，大家公认实现了乌托邦梦想的现有城市少之又少，而这两个田园城市是其中之二。不过，仍有一些人担忧，新城市主义大会（CNU）所拥护的乌托邦城镇规划传统及其应用实例，如隶属康沃尔公爵领地的庞德伯里镇（Poundbury）等，都是献给精英阶层的，是具有排他性的。乌托邦是以支持乌托邦的大量基础设施与那些位于乌托邦之外的被遗忘的社区为代价的。彼得·韦尔（Peter Weir）的电影作品《楚门的世界》（The Truman Show）中所描绘的位于佛罗里达州的新城市主义海滨小镇正是这种观点的写照。

21世纪见证了城市建设的惊人速度。在印度和中国，因为技术熟练而又廉价的劳动力和土地的易得以及不轻易妥协的政府意愿，城市不是缓慢地演变和生

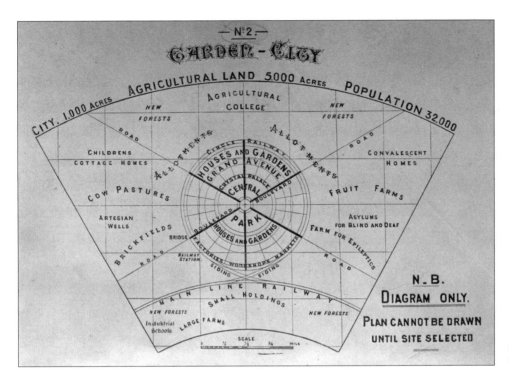

理想田园城市平面（埃比尼泽·霍华德爵士，1902 年）

长，而是一座座拔地而起的。无须援引乌托邦一词，被誉为模范生态城先例的中国东滩和阿拉伯联合酋长国的马斯达尔城等新兴城市的抱负以及它们对我们的启发是清晰且重要的。为了应对城市生活的变迁兴废，我们必须规划一种拥有更加完善的交通运输方式和水控制系统、合理的能源和供水程序，以及建设社会凝聚力的机构的生活模式，尽管形式可以千变万化。

此前，人工建造环境的可持续设计主要关注建筑单体，我们已经能相对娴熟地运用建筑保温、冷却系统、自然通风、太阳能控制、中水回收利用、屋顶绿化和可再生能源收集等建筑技术。然而，城市远远比建筑复杂，当可持续设计转向城市尺度时，我们需要采取截然不同的方法——充分利用城市现有的协同系统。建筑群的集中布置能够实现小而分散的结构所不能及的热效率。理查德·罗杰斯（Richard Rogers）所提倡的紧凑型城市使得公共交通比私家车交通更具有可行性。在 1995 年里思演讲（Reith Lectures）中，罗杰斯的《小小地球上的城市》展示了一系列关于小汽车如何塑造城市的惊人的统计数据。"即便是高利用率的停车标准，仍达到每辆车占地 20 平方米，据保守估计，即使假设仅有五分之一的城市居民拥有小汽车，那么，一个拥有 1000 万人口的城市（约等于伦敦城市的规模）所需的停车面积约为伦敦（"一平方英里"——伦敦金融城的另外一个名字）[7]城市面积的 10 倍。因为私家车已成为城市规划中不可或缺的部分，街角、公共空间的形式和界面都是基于驾车人士的利益而决定的。渐渐地，整座城市，不论整体形式和新建建筑之间的间距，还是路肩、灯柱和栏杆的设计，也都基于相同标准。"[8] 现在，让我们想象一下没有小汽车的城市——那真是充满了无限的可能性！

7. R Rogers, 'Cities for A Small Planet:
Reith Lectures,' Faber and Faber, London, 1997, p.36

8. ibid

此外，高密度的综合型城市允许共享和循环利用废物，垂直和水平双向区划土地利用，并实现一定规模的都市农业和能源发电。除了上述环境效益，还可通过公共和私人空间的配置增强社会的包容性并促进经济增长。总之，未来的可持续城市设计不能只局限于过时的欧洲规划模式下的可持续建筑。目前，由福斯特合伙人工作室（Foster + Partners）设计，由阿布扎比未来公司（the Abu Dhabi Future Company）建造的马斯达尔城的第一阶段已基本完工，覆盖整座城市的"个人快速公交系统"（personal rapid transit system）将会彻底取代小汽车。[9]值得注意的是，街道的长度是依据风力流体动力学以使城市变得凉爽而不是由车辆通行效率决定的。当然，马斯达尔城是否真正能从基于小汽车的城市设施建设的桎梏中完全解放出来，并树立新的城市范式，仍需拭目以待。

传统意义上，建筑和城市规划之间有明确的学科分工。而城市设计比城市规划更有包容性，需要运用一系列除土地使用分区和容积率以外的学科知识，也就是说，除了城市规划师和建筑师，我们还需要农学家、水文学家、经济学家、交通工程师、社会科学家和政治家的参与。从"机动车霸权"中解放出来的城市基础设施应该并且能够呈现与当代大都市截然不同的空间表达方式。此外，现有为小汽车服务的基础设施——停车场、高速公路服务站、车道和车库等——都将需要纲领性的调整和富有想象力的革新。[10]

"这个世界生病了，重整势在必行！重整？不，这个词太温和了。人类面临的很可能是一次巨大的冒险：建设一个全新的世界……因为已经刻不容缓。我们绝不能再浪费时间去应付那些嘲笑我们、给我们微不足道的讽刺性答案并视我们为神秘疯子的人们。究竟必须建造哪些东西，对此我们不得不作长远打算。"

早在1967年，勒·柯布西耶的评论似乎已有先见之明，但事实上，城市历史上任何时候都可以套用同样的话语。城市向每一代人所提出的挑战既有前所未闻的，也有反复出现的。在过去，建筑师急于提出他们关于乌托邦或理想城市的各式各样的愿景，有思辨性的[朗·赫伦（Ron Herron）的《行走城市》，1964]、有严肃庄重的（勒·柯布西耶的《光辉城市》，1935）、有未来派的[保罗·索莱里（Paolo Soleri）的《生态建筑》]，还有田园牧歌式的（弗兰克·劳埃德·赖特的《广亩城市》，1932）。很明显，无论是网格还是放射线系统，建筑师的理想城市都以易解读的视觉秩序为特征。例如，1465年菲拉雷特（Filarete）的假想城市斯福钦达（Sforzinda），1829年约翰·克劳迪亚斯·劳顿（John Claudius Loudoun）的伦敦规划（比霍华德田园城市绿带规划早了69年），还有克劳德·尼古拉斯·勒杜（Claude Nicolas Ledoux）以尚未完工的阿凯塞南皇家盐场为中心的绍村（Chaux），都是基于同心圆环状规划模式。另一方面，康斯坦丁诺斯·道萨迪亚斯（Konstantinos Doxiadis）是网格城市的忠实拥护者，他编制的伊斯兰堡城市规划极具灵活性，允许城市逐步进行低成

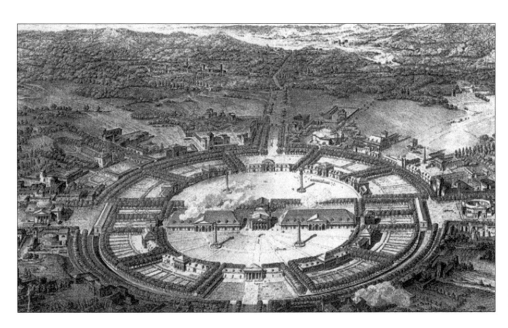

1779 年克劳德·尼古拉斯·
勒杜建造的位于阿凯塞南的皇
家盐场

本扩张。关于理想城市，其他反复出现的主题还有农村和城市之间的统筹，基于光热轴布置建筑朝向以实现太阳光最大化利用，空出地面以增大公众使用空间等等。

对后世影响巨大的新马克思主义著作《日常生活批判》和《生产空间》的作者法国社会学家亨利·勒菲弗认为，每一个社会都会产生其特有的空间实践；如果没有独特的空间来塑造社会，社会变革的驱动力永远只能停留在意识形态层面。他将20 世纪 20 年代和 30 年代的苏联构成主义的失败归因于不加批判地反复使用现代城市总体规划，而不是试图去创造合理的新型空间以形成新的社会关系，或借助新的社会关系重塑空间。如此看来，规划师和建筑师都扮演着社会变革驱动者的角色，那些理想城市的作者们自然也看到了这一点。在这关键时刻，我们必须重新构思和创造空间形式，它将有助于我们应对气候变化、社会剥削、食品、水和能源短缺问题。

作为空间的营造者，建筑师仅是所有必须努力修正和完善摆在人们面前的所谓蓝图的社会群体中的极少数者。尽管如此，建筑师被恰当地定位为能够理解和设计符合人体尺度的、比大尺度区划图更容易被民众理解的空间。一个拥有生产性景观的城市和一个充斥着整齐排列的气化工厂的城市将会分别带来怎样的感官体验？随着城市地产越来越稀少，我们是否可以考虑以跨项目的公共建筑和分时共用的街道取代度假屋？这些问题都需要基于对社会、政治和经济的整体认识和综合的空间设计才能回答。幸运的是，由于可视化绘图和计算机渲染技术的进步，设计师能更容易地描绘空间方案，进而吸引必要的私人和公立部门投资支持。不过仍需要特别注意，视觉信息的流行不能以深层次的内涵减少为代价，应确保建成环境与原初概念相符而不是表面相似而已。

本书的核心论题是：在城市和城郊地区重建封闭循环的系统，以及"智能城市"概念在空间上如何表达。"智能城市"与"生态城市"的区别在于前者涵盖了项目、

9. Personal rapid transit (PRT) or podcar describes an on-demand network of small independent vehicles running on guideways. At Masdar, PRT pods will be battery-powered and computer-navigated

10. Le Corbusier, 'The Radiant City: Elements of a Doctrine of Urbanism to be used as the basis of our machineage civilization', Faber and Faber, London, 1967

形式和社会等多层面互作用的新典范。它既不是指一个固定的场所，也不是一条与众不同的途径，而是一个关于 21 世纪空间营造的宣言。

智能城市不是无中生有，而是存在已久的可持续设计原则的演变。在人情日渐疏离的当今世界，这种原则与对更加健康的身体、心理和社会的渴望相互交织在一起。智能城市致力于保护和提升自然和文化资源，扩展生态交通、就业和住房的选择范围，珍视长期的区域可持续发展而非只顾短期利益。当下"生态"被当成标签滥用，"可持续性"一词亦已泛化——有谁不知我们的生活方式既有精华，又有糟粕。然而，制定决策并进而采取行动，却远不是表面上所见的那么简单。关键的优先事项是保护能源和环境，而遗产、传统和人与人之间社会关系的保护也同等重要。每一代人都是自身价值观的持有者，而当前的时代精神则是抗拒大众生产的和平淡无奇的事物，无论是在住房、就业和服饰方面，还是在水果、蔬菜方面。智能城市既没有忽视技术进步，同时也乐于接受"减法"和低技术，通过采用一种杜绝过剩的操作系统来重塑我们的社会空间。智能城市的生活不是索取更多，而是如何花费更少的成本去创造一个生理与心理双重健康的生活方式。

智能城市这一宣言将都市农业放在首位。农业和城市结构的混合可以形成一种相互共生而非寄生的关系，有利于减少二氧化碳排放量，缓解粮食短缺问题，并带来无形但却显著的环境和社会利益。在多数文化中，饮食是凝聚家庭和社区的胶粘剂，恢复城镇居民和食物之间的基本联系将会为基础越来越不牢固的世界夯实根基。

改善技术和设计会提升效率，进而导致失业率增加的观点纯属无稽之谈。因为，必要且合理地提高效率意味着生产力的提高。在这个技术不断提升的时代，会存在粮食短缺、基本生活标准低下、教育和文化匮乏等问题，但却不应出现岗位短缺。智能城市的运行会产生大量新的跨部门的雇用机会，需要可再生能源、回收利用、农业、建设和交通运输等行业的技术人才。代表"绿色经济"的商业事例蓬勃发展。联合国关于绿色就业的报告显示，随着能源和商品成本的飙升，越来越大的压力迫使企业采取环保策略，预计至 2020 年环境产品及其服务的全球市场将会翻倍，从目前的每年 13700 亿美元增至 27400 亿美元。其中，一半以上的市场来自可持续的交通运输、供水与卫生和废物管理等之间的平衡和能源效率领域。发展中国家最具改善人力市场的潜力，因为那里汇集了全球 40% 的劳动力，而这些劳动力的家人正在贫困线上挣扎且缺乏安全保障。[11]

智能城市的策略是包容性的，不排除任何年龄阶层、文化和种族。智能城市是一个综合全面的愿景，而不是无关思想的修正或附注。智能城市呼吁"人力社会"的复兴，这里我们可以再次做生活最基本的事情——种植粮食、玩耍、旅行和设计。智能城市是一种居民自发地不断质疑我们当下生活方式的精神状态，并将人类可持续发展置于至高的优先级，而其他所有的也将遵循这一原则。

宣言（i） 从土壤到餐桌

"耶和华神使各样的树从地里长出来，可以悦人的眼目，其上的果子好作食物"

——《创世记》第二章第九节

"耶和华神吩咐他说，'园中各样树上的果子，你可以随意吃……'"

——《创世记》第二章第十六节

在亚当和夏娃因偷食智慧之树禁果而失去神明宠爱之前，伊甸园为他们提供了充足的食物，不需要他们为生计而劳碌。在人类的早期，我们就渴望随时随地获得新鲜健康的食物。如今，制冷和快速运输系统在一定程度上使得时间和距离变得无关紧要。然而，在发达国家，加工、包装、运输和储存等环节所消耗的能源占用了食物从产地到餐桌全过程所消耗能源的80%。美国生产的食物平均"旅行"1300—2000英里才从农民到达消费者口中。

据估计，每增加一个人，便会有一英亩农田变成城市和高速公路建设用地。据预测，到2025年，全球最大的粮食出口国美国本土种植的所有粮食将全用于满足国内需求。经济收入方面，这意味着每年高达400亿美元的损失。雪上加霜的是，英国等土地富饶的工业化国家已放弃自给自足的目标，转而依靠食物进口，因而世界上将有20亿人面临粮食短缺。由此可见，我们亟须增加粮食产量并加强公平分配，使得城市生活和粮食生产之间形成和睦的关系。

现代食品工业也许比其他任何一种劳动行为更集中地体现了马克思主义的"异化理论"。[12] 不同于其他代代秘传的非必需的技艺和手工艺，基本食物的获取一直是一种普遍的、与生俱来的行为——觅食、狩猎、饲养和收获，它们是以能量消耗和营养补偿为形式的最直接的人力资本交换。然而，食品生产后的加工、分装等后期处理在食品生产者和产品之间、城市消费者和农村供应者之间建立了一道隔阂。产生的后果是，我们这些消费者不能清晰地看到气候变化和能源短缺对食品生产带来的影响。尽管现代农业所需要的燃料的价格正在上涨，通过超市垄断供应的食物仍然非常便宜。可是，我们还应考虑一些类似于环境破坏的隐形成本。源于化肥的过量氮流入水体引起湖泊和河流的富营养化，造成水体污染和水生生态系统破坏。另外，由于杀虫剂和除草剂的使用，陆地生态系统也不能幸

11. M Renner, S Sweeney & J Kubit, 'United Nations Environment Programme Report: Green jobs – towards decent work in a sustainable, low-carbon world', Retrieved 7 August 2009, www.unep.org/civil_society/ Publications/index.asp

12. As expounded in the 1844 'Paris Manuscripts'

免于难。需要着重强调的是，这些不仅是环境成本，对大众来说更是经济成本，包括补贴、清理费和治愈营养不良或肥胖、处理受污染食品、治病等花费。

如果城市居民想要减轻这个星球的粮食生产负担，那么，我们需要以一种不涉及挤压真空密封食物的方式，从根本上重新安排粮食来源。实施都市农业，在市域范围内种植、加工、分送食品，将会达到两方面的效果：首先，可使粮食生产过程透明化；再者，提供了一种手段，将粮食与生产过程重塑成为一种社会关系而不仅是商品。这将意味着一系列毫无意义的"飞镖效应"式贸易的终结，例如，英国从埃及进口 22000 吨的土豆，却又向其他国家出口 27000 吨土豆。[13] 都市农业还可以保证在城市范围内的食品快速供应，有益于营养和健康；它还能创造就业机会，增加城市贫困群体的收入，建构一个社交安全网；将城市有机废弃物转化为农业资源。都市农业有利于增大社会对弱势群体的包容性，促进社区发展；同时城市因城市绿化和绿色开放空间的维持而受益。尽管，把新鲜的食物重新带回我们的所居之地并不会再建伊甸园，但是除此之外没有第二、第三和第四种方式既能将农产品商品化的同时，也赋予"由手到嘴"这种方式新的内涵。

事实上，都市农业并不是一个新生现象，它的兴衰枯荣已经长达几千年。从古代波斯王国用于农业的城市污水回收和坎儿井式隧道灌溉网络，到马丘比丘的台地城市和台地耕作，再到近代两次世界大战期间的胜利花园计划，为了缓解粮食短缺问题，城市中的屋顶、阳台、浮桥和公园都被改造为菜园。在这个雄心勃勃的计划中，园艺师、学者、种子、化肥生产者及市民委员会被精心组织起来，第一次世

畅想城市农业的重生——目标
为营养和食物里程的减少

1946 年位于柏林国会大厦前的
胜利花园

界大战结束后，仅美国就生产了价值超过 10 亿美元的战时菜园农作物。[14]

今天，长久以来为自己种植粮食和绿色空间的田园牧歌式梦想，可以通过"小块土地耕作"实现，这种土地改革制度的表现形式有美国的社区花园（community garden）、俄罗斯的别庄（dacha），法国的家庭菜园（jardin familial）、荷兰大众菜园（Volkstuin），以及丹麦的集体花园（Kolonihave）等等。在俄罗斯，不论家境富裕者或是贫困者都亲手种植自家食用的粮食，这也是当地历史悠久的传统。在德国，依据规定的概念，有家庭菜园（kleingärten）、市郊小菜园（schrebergärten）、集体菜园（kolonie）、块状农地（parzelle）、军用菜园（armengärten）、社会公共菜园（sozialgärten）、工人菜园（arbeitergärten）、红十字菜园（rotkreuzgärten）和铁路工人菜园（eisenbahnergärten）等等。其中，最值得一提的是文化交流菜园（intercultural garden），是由德国国际花园协会（German Association of International Gardens）负责的项目，旨在促进种族融合和不同文化之间的交流与互动。

此外，在城市中配置农业还能缓解水资源管理问题。联合国世界发展报告中宣称，传统农业过分依赖于水资源，导致水资源问题将成为 21 世纪人类面临的最严峻的挑战。《水资源战争》的作者兼环保行动主义者范达娜·希瓦（Vandana Shiva）估计，发达国家人均每天摄入的食物约消耗境外 3000 升的水资源。她一针见血地形容这种贸易为：富人进口"虚拟水"，同时向第三世界内的粮食生产国出口干旱。

在城市中，道路、屋顶、硬质下垫面和混凝土景观等不可渗透的城市基底加大了洪水风险，因为它们不能减缓地表水流速。因此不论是否可食用，植被都是

13. A Simms, V Johnson, J Smith & S Mitchell, 'The Consumption Explosion: the Third UK Interdependence Day Report', NEF, London, 2009, p.4

14. Charles Lathrop Pack, 'The War Garden Victorious', Press of J B Lippincott Co., Philadelphia, 2009

一个天然自成的可持续排水系统，可以收集雨水，调解极端气温。另外，由于叶绿素的光合作用，植被还是目前可知的最有效的光电池。

城市农场能够在一定程度上弥合城市和农村之间的裂缝，与此同时，城市范围之外的耕种同样需要重新评价。我们有必要思考城市之外的农业已经发生了哪些改变。自古以来，农民一直运用传统的周期性循环耕作系统，农作物轮耕与休耕制度使得土壤中的营养成分可以得到自然的补充。不同庄稼有不同的要求，这样，既能避免土壤肥力衰减，又能释放有利于下一轮农作物生长的副产物。病原体和害虫的蔓延受到遏制，土壤结构得以改善。轮耕结合蓄水和等高耕作技术，使得农业甚至能够在半干旱的环境下发展，这就是所谓的旱地农业耕作。至20世纪初，传统的农耕技术被普遍放弃，导致大平原地区发生了严重的沙尘暴，进而急剧加大了20世纪30年代的美国大萧条的负面影响。因此，1935年美国政府制定了《土壤保护和国内农作物种植分配法》，纠正了早期允许农业用地遭受风蚀的政策。大规模种植树木、重新引进本地草种并推广无破坏性农业技术的教育计划等很快就取得了显著效果。

合成肥料的发明意味着单一栽培将再次占据主导地位，进而引发河道污染和能源开支巨大等新问题。正如《食物越多越饥饿》的作者卡罗琳·斯蒂尔指出的，没有所谓的"廉价食品"，因为，每一卡路里由现代农业综合企业生产的食品需要燃烧估计10卡路里的化石燃料。[15] 为实现高产，特意选择单一的栽培品种的代价还有土壤。此外，单一种植已经如此成功，以至于全球盈余压低了农民农作物应有的价格，威胁到农民的生计。目前，经济作物本足以养活地球上的人类，但由于世界市场分配是由经济因素驱动的，才导致了食物浪费和饥荒两者并存的荒诞局面。

有没有一条"返回"的路向呢？詹姆斯·洛夫洛克认为，为了避免灾难发生，我们需要在全球范围内采用转基因作物；他还主张用空气、水和微量元素合成发酵食品。而如果我们想避免食用那些将切断我们和食物之间所有联系的人造食物，我们必须恢复周期性的农作制度与可自我维持的永续农业。

古巴的农业革命可以被视为解决我们目前所面临的问题的一个历史缩影，并且它提供了一个在适当的环境下可被采用的模型。随着1989年原苏联的解体，古巴几乎失去了所有的粮食进口源。为了自救，古巴发展了世界上第一个、也是唯一一个由国家扶持的都市型农业基础设施。加利福尼亚州立旧金山大学的拉克尔·里韦拉·平德休斯（Raquel Rivera Pinderhughes）教授就此作了详尽的陈述。石油、机械和化肥来源的突然切断严重影响了当地粮食的生产、分配甚至冷藏，迅速导致食物短缺。这一系列事件同样暴露出许多发达国家食品供应的脆弱性。英国国家能源基金会（NEF）报告《距离人民暴乱只有九餐之遥》描述了2000

对面页上：畅想城市农业的重生——纽约中央公园的杂货店

对面页下：畅想城市农业的重生——底特律汽车的"菜园后备箱"

15. R Heinberg speaking at the 'Soil Association One Planet Agriculture Conference', January 2007, cited in C Steel, 'Hungry City', Vintage Books, London, 2009, p.50

年英国农民和卡车司机封锁全国的油库之后，全国供应设施陷入瘫痪。作为此事件的回应，古巴首都哈瓦那的居民集体努力搜索城市中每一寸可用的土地，用以种植粮食或饲养家禽，这令人回想起世界大战期间的胜利花园。古巴政府随后认可了临时土地占领行为，宣布民众拥有公共土地使用权，允许他们永久自由地耕作。此外，通过制定规划政策，古巴政府确保每一块由于开发而失去的菜园得到重新安置；并且国家出台激励措施，促使农民的收入与白领相差无几。尽管这些政策在半自由化的市场下可能只是权宜之计，但是，在开放性经济背景下，古巴市场将被低成本进口食品吞没的担忧仍得以平息。

梦幻农场 II 系统框图，侯美婉博士，英国科学与社会研究所（Institute of Science in Society）

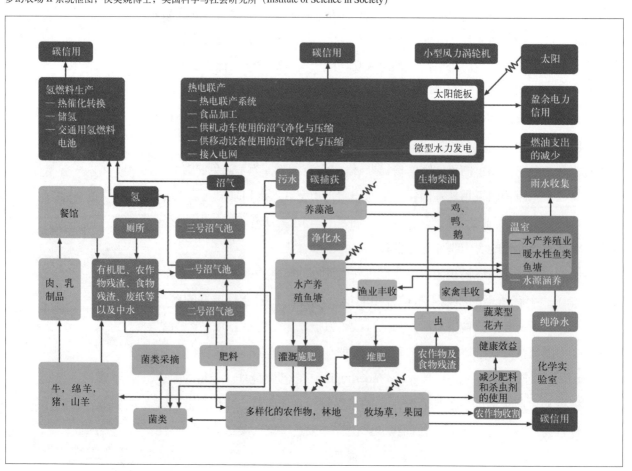

宣言（ii） 永动机

"用桑养蚕，蚕粪养鱼，亦或是猪、家禽和水牛粪便养鱼，鱼粪肥塘，塘泥肥田，肥田养稻。好一个水、废物和食品持续循环的复杂系统……人造的美丽图画。"[16]

中国的桑基鱼塘系统堪称封闭式可持续生态系统的完美典范，最早出现于明朝晚期（16 世纪）的珠江三角洲北部，用以提供日常衣食供给。多年来该地区的农民已经熟悉桑基鱼塘系统中每个环节的好处，正如民谣所唱，"桑枝越繁茂，蚕儿就越壮，鱼儿就越肥；池塘养分越充足，塘基就越肥沃，蚕茧就越多"。[17]

如此精致的封闭式养殖系统却成为新技术（特别是哈伯－博施法合成硝酸铵技术）的受害者。农业革命促使城市生活方式发生演变，大大降低了农业劳动人口数量。农民摆脱了土地束缚，得以自由地从事其他行业。具有讽刺意味的是，城市生活方式的盲目增长是以牺牲农业用地为代价，并严重危及了粮食生产——而这正是决定城市出现的重要因素。

都市农业为调和农村和城市之间的矛盾提供了一种途径，使得一种类似于桑基鱼塘系统的、体系清晰、逻辑完善的循环经济成为可能：城市居民的有机固体废物可通过厌氧消化转化成气态能源和施肥用的沼渣沼液；淋浴、水槽和排水沟的灰水和黑水可在回收处理后用于灌溉附近的庄稼。随着光照成分的加入，我们便能从一个小杂货店获得食物，推动"人类永动机"进入下一轮循环。

20 世纪 20 年代，中国生丝出口达到鼎盛时期。自此之后，绵延两千年不断发展演变的桑基鱼塘系统渐渐消失，中国正统的循环经济被强势的城市化和产业化取代。近年来，在学术界的推崇下，建立在桑基种植之上的循环系统又再次焕发生机，学者们认为其能够替代当前不可持续的农业，并且在实际应用方面具有巨大的潜力。

英国科学与社会研究所（ISIS）所长、遗传学家侯美婉博士，在陈乔治（George Chan）的食品和废物综合管理系统（IFWMS）基础上进行了延伸与细化，构建了一个综合的零排放零废物农业的模型——"梦幻农场二号"（Dream Farm 2）。它能最大限度使用可再生能源并将废弃物转化为食品和能源。侯美婉将农场比喻为一个有机体，是可以生长、构造并保持平衡的结构。封闭式循环创造了一个可以自我维持、自我更新、自给自足的稳定的自治结构。

16. Jennifer Pepall, 'New Challenges for China's Urban Farms', IDRC Report', International Research Development Centre, Ottawa, 1997, 21.3

17. Asia-Pacific Environmental Innovation Strategies (APEIS) Research on Innovative and Strategic Policy Options (RISPO)

实现循环过程的关键在于，必须尽心尽力坚持"零熵"或"零废物"的原则。人体正是趋于这种理想状态，所以我们得以相对缓慢地衰老而不会自发分解。随着系统内能源和生物量的增加，更多的生物过程参与进来，梦想农场的生产力将进一步提升。借鉴传统轮耕的经验，学术研究人员重新发现，在可持续发展系统中，不同生物过程之间能够保留和循环利用整个系统的能量，也就是说，生产力和生物多样性二者间存在一种互惠关系。

循环经济并不局限于农业。通过跨季节的热量转移（国际先驱论坛报，IHT）降低能源需求，亦可以称得上是智能城市循环系统的完美典范。夏季多余的热量被储存起来，到冬季，与热泵技术相结合，通过管道进行再分配以提高冬季热舒适性；同时，冬季建造可储存冷量的容器，用于夏季城市制冷。我们可以看到，降低能源需求存在极大的空间，因此，建造能源自我循环的建筑单体的作用似乎显得微不足道。同时，如果能够实现废物回收和再生抵消（renewable offsets），城市内的"零碳"生活方式也是能够实现的。

哈佛大学可持续发展方面的专家纳德·阿达兰（Nader Ardalan）估计，通过提高能源使用效率，二氧化碳排放量的降幅能够达到75%。而降低能源需求，最有效的办法则是建筑物的整体布置和设计，通过被动式制热和被动式制冷提高我们环境的热舒适度。

至于农业方面，古代已经为我们提供了丰富的经验与技术奇迹。我们需要向古希腊人学习，他们通过调整城市网格的朝向来增加冬季城市南向的被动式太阳辐射的热量。我们需要重新借鉴穴居人的智慧，他们知道地面6米下可以营造常年相对稳定的热环境，并利用土地的性能调解极端温度。我们需要模仿5000年前古代波斯人为城市制冷而修建的巨大的地下迷宫。

除了在不同季节间可以实现能量转移之外，循环的昼夜温差同样可以被利用起来。白天将比重大的材料暴露在太阳光下储存能量，夜间释放热量提高室温。在热带气候条件下，可采用水循环制冷策略，通过水蒸发释放热量并降低温度。在这里，我们可以借鉴东方传统建筑的风塔和水箱，或摩洛哥庭院楼阁的喷泉和反射池。

目前，关于能源保护的核心关注点多是从依赖于传统化石燃料转向利用风力涡轮机、水力发电厂、热电联产（CHP）、光伏发电和地源热泵等可再生能源的生产。随着人们对于核电厂安全问题的关注度的升级，前面所提到的技术发挥着愈来愈重要的作用，并且在市区已成为唯一可行的解决方案。作为化石燃料的替代物，为了避免将放射性物质、重金属、挥发性有机化合物、温室气体和酸等释放到大气中，人们唯有接受"可再生"能源发电。然而，认为这种能量很"清洁"的观点存在根本性的缺陷——生物质能源作物需要食物、水和能源才能够生长和输送，

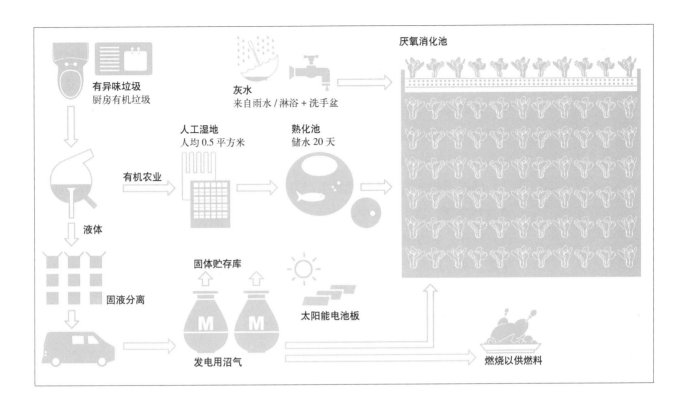

图中文字：
- 有异味垃圾
- 厨房有机垃圾
- 灰水
- 来自雨水／淋浴＋洗手盆
- 厌氧消化池
- 人工湿地
- 人均 0.5 平方米
- 熟化池
- 储水 20 天
- 有机农业
- 液体
- 固液分离
- 固体贮存库
- 太阳能电池板
- 发电用沼气
- 燃烧以供燃料

而光伏发电和风力涡轮机需要不断的维护和更新，并且其生产过程需要耗费大量的能源。为了扩大清洁能源供应的益处，我们必须考虑从源头开始降低能耗。我们的第一个问题不应该是"我们如何能够生产更多的能量来迎合我们具有破坏性的生活方式？"，而是"我们如何能将我们的能源需求最小化？"

替代新能源利用的第二个选择是能源的共享和循环利用。由于水电厂、化石燃料和风能工厂通常离城市较远，输送过程中能源损失巨大，想捕获损失的能源用于区域供热难度非常大。目前，热电联产燃料电池提供了一个解决方案；它体量小巧，可被安装在城市的地下室中。工业生态学家经常会提到的丹麦卡伦堡产业生态园就是一个能源共享合作的商业应用实例。这个工业园区位于丹麦哥本哈根以西 75 英里的海岸处，其独特之处在于它是由许多公司构成的网络，通过相互间的能源和副产品贸易来增添新的收入来源。

在 20 世纪 70 年代初，丹麦国家石油公司炼油厂同意向吉普洛克（Gyproc）公司提供废气作为燃料源，于是，吉普洛克公司可以利用低成本的燃料来源，其处理后的废水出售给附近的埃纳斯（Asnæs）化石燃料电站。埃纳斯以前生产的能源 60% 以热能的形式耗散损失了。现在，通过向 4500 个家庭供热，并向炼油厂和诺和诺德（Novo Nordisk）制药公司销售工艺蒸汽（可用于杀菌），逐步改善了热效率。冷却水还可以输送至养鱼场，用来改善养殖条件和温暖水域地区的生长环境。每年产生 30 吨的副产品粉煤灰被水泥行业回收，烟道气体中二氧化硫则被销售给吉普洛克公司，用于石膏生产。市域范围内所有共生型企业排出的

畅想城市农业的重生——永动机将城市废弃物回收，并用于农业

废弃物都由丹麦垃圾管理公司（Kara/Noveren I/S）收集起来进行电力生产。诺维信公司（Novozymes A/S）在生产酶的发酵过程中产生的超过 150 万立方米的固体生物质则销售给生猪养殖场，或销售给诺和诺德公司用于胰岛素生产。这种效仿"梦幻农场二号"共生农业制度的循环经济，已经使得水、空气和地面污染大幅度减少，同时保护了自然资源。值得注意的是，这些环境效益本身也是追求利润的商业决策的产物。

城市不能再继续通过线性生产方式来实现增长；它浪费巨大，还将污染物排放到空气、地下和水中。相比之下，循环有机系统则是不断再生的。因此，就在现在，努力融入自然生态系统是非常有意义的。让我们"收获"应用生态学的果实，用以"营养"必要的过程，以实现最小投资和最大获利。自然生态系统具有自我延续性和共生性，而现在正是人类作为一种建设性而非破坏性的力量重返自然系统的最佳时机。

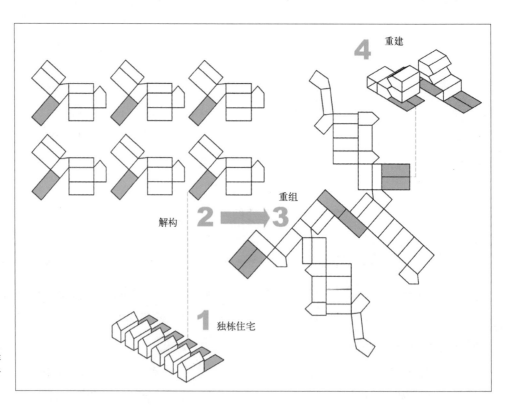

意象恢复——为了改变现状，我们需要重新评估美国根深蒂固的理想，即拥有汽车与属于一个家庭的独栋住房的梦想

宣言（iii）　美国梦的终极版

美国梦是指："人们梦想在美洲这片崭新的土地上能过上富裕及充实的生活；能够依据自己的能力和成就获得相应的机会。对于欧洲上层人士而言，美国梦是一个很难充分理解的梦想，并且，我们中的相当多人对此持厌倦和不信任态度。美国梦并不是意味着对小汽车和金钱等物质享受上的追求，而是对美国平等的社会秩序的向往。在梦想的美国社会，每个人不论出生及地位，不论男女性别，都应能够将个人的天赋臻于至善，实现其价值，并且获得他人的认可。"

——《美国史诗》詹姆斯·特拉斯洛·亚当斯，1931年

詹姆斯·特拉斯洛·亚当斯（James Truslow Adams）在《美国史诗》中所描绘的美国人民的梦想是建立在社会和伦理原则的基础上的，反映出一个超越宗教、阶级和种族界限的国家，其中每个人的生活前景都是基于个人的天赋和决心，而非其财富和政治关系。一代代人不断修改着美国梦的定义，不知从何时起降低了标准，美国梦变成了拥有住房和汽车的代名词，成为富裕的象征，而这明显不是亚当斯所指的美国梦。

美国建筑师弗兰克·劳埃德·赖特提出的乌托邦城市概念"广亩城市"，进一步强化了"拥有住房与汽车"这一美国梦。基于去中心化民主的广亩城市，有时赖特也称其为"自由城"，本质上是农业性质的，是在联邦土地转让给每个公民一英亩土地的政策基础上建立的一个社区。用他自己的话说，"每一个美国的男人、女人和孩子都有权拥有一英亩土地。每一个未出生的孩子在降世之时，都会找到为他准备的一英亩土地——到那时，民主就已经实现了。"每个家庭都将拥有自己的家；建筑均为美国风格的住宅；面积大小根据实际需要而定。住房与教育、宗教和娱乐休闲设施之间则依赖于小汽车，故而面积较大的住宅配有五车位的车库，且仅需在一英亩地的范围内保证行人安全。

作为产生于美国大萧条时期电子通信业和汽车制造业技术不断提升的历史背景下的一种新型社会空间模式，赖特提出的愿景所具有的革命性丝毫不亚于3年后（1935年）勒·柯布西耶提出的光辉城市；但是二者又有所不同，光辉城市推崇的是高密度混合使用的生活方式之美。

在世界人口增长、社会可持续性令人担忧的当下，光辉城市对城市设计而言

似乎更具有意义。每个家庭都拥有独栋住宅和私家汽车的观念根深蒂固，并且已经渗透到发展中国家。为了改变现状，我们需要对这种观念进行重新评估。白色篱笆围绕的紫藤巷乌托邦城郊应当被另一个更为精益和辽阔的、舒适却又充满挑战的梦想所取代。

乌托邦遥不可及的本质，与其说是目标的不可实现所致，不如说是由于我们不断地改变目标方向使然，格雷格·伊斯特布鲁克（Greg Easterbrook）在他的同名书中将这种现象称为"进步的悖论"。我们从来没有比现在更加富裕和长寿；犯罪率也有所减少；环境也变得更清洁。但是，人们的幸福感并没有相应增加，伊斯特布鲁克将这种矛盾归咎于选择性焦虑和富裕否定心理。同样，1974 年的伊斯特林悖论通过研究发展程度不同的国家的幸福指数高低，认为无限的经济增长未必有益于满足感的获得。伊斯特林表示，低收入国家的居民的幸福感并不相应地低于高收入国家的居民。

然而，我们不能低估 20 世纪"美国梦"对个人生活改善的推动作用。研究表明，直到 2008—2009 年的大萧条期间，由于家庭抵押赎回权的丧失，大量的失业和能源成本的提高，国家对于美国梦想的推崇态度才逐渐转变。不过，全球经济衰退固然是一场灾难，却也是一个机遇，能够使整个社会重新调整自我，建立起更为实际的价值体系，远避猖獗的消费主义和剥削主义。

同样，现在也是设计师重新评估其专业价值的时候。为了恢复公众和政府的信心，设计需要提出聚焦于能巧妙地解决实际需求和增加附加值的方案。镜头式审美不再是美的唯一评价视角，人们也将关注系统设计的高效性所呈现出的优雅。谦虚而非自我陶醉将是可持续设计的可接受的形象。因为，一方面，经济复苏之后，建筑设计的通用性将会大幅度减低，与之相关的住房和商业发展领域也是如此。空间可以具有功能性、灵活性、符合绿色建筑要求，甚至可以追求视觉美。设计可以提高生活质量，并为更广泛的社会群体服务。另一方面，建筑专业人士大部分都受到政府政策和发展机构的操控。无论是食品包装还是城市总体规划，设计师的真正影响力在于一种明显优于现状的情景展示；因为，只有通过设计师，它才变得具有说服力。很多时候，诱人但虚假的情景展示是用来推销滞销的消费产品。然而，作为幻想者，设计师处于这样一个位置，诱导广大市民接受积极而彻底的变革，并避免文化偏见和金融保守主义对社会进步的阻碍。

紧凑型城市与过时的美国梦截然不同，提供了许多益处良多的协同作用。变化是循序渐进的，并将由交通模式的转变所推动，正如在巴西巴拉那州首府库里蒂巴城市所实施的交通措施，这些措施支持人与人之间的互动和社会凝聚力的增加。智能城市的空间需要证明，体验共享和资源汇集可以为个人发展提供一个更好的并具可操作性的模式。简而言之，咖啡厅的一张备受喜爱的餐桌、公园的一张长椅、一幅挂在画廊上被永久收藏的画等形式的公共空间虽然为私人所拥有，但却可以被共享，这样的公共空间称得上是强而有力的存在。

目前，已经有一些令人鼓舞的迹象：美国人对汽车的迷恋程度正逐渐下降。在美国房地产经纪人圈中，"舒适行走"已成为一个流行词。他们的报告显示，在步行范围之内可达学校和公共交通设施的住房价值与过去相比已显著增加。交通拥堵、停车空间的竞争、燃料成本的增加，以及环境污染等导致对仅提供微小利益的额外附加值的维护成本翻倍，因此，小汽车所提供的方便与其所付出的成本并不匹配。另外，人们逐渐意识到，充满活力的高密度混合使用社区比由街道和汽车形成的平淡无趣的莱维敦城郊更具有吸引力。

谈及新美国梦，必定需要审美感知的重新校准。在美国郊区，修剪房前草坪已经成为一种怪异的仪式。修剪得整齐美丽的草坪是郊区家庭值得夸耀的地方，是郊区的一个行为准则。加拿大自誉为"园艺哲学家"的文学评论家罗伯特·富尔福德（Robert Fulford）认为，草坪是羞辱公众和社会控制的一个工具："一只金丝雀的死亡宣告矿井气体的存在，所以草坪上一棵蒲公英的身影意味着懒惰鬼已占据这天堂般的住所，欲将邪恶沿各个方向散播开去。蒲公英虽然美丽，却展示出屋主灵魂的弱点。它们的身影宣布，房子主人不尊重邻居安享和平、秩序和良好管制的权利。"[18] 前述评价虽有所夸张，对于那些不是以前院为文化中心的国家而言，修剪整齐的草坪的确是一个深不可测的古怪行为；并且，在可持续性和粮食安全的广域语境下，前院草坪引起了更多的争议。从规模上讲，伟大的美国草坪占地面积超过 50 万英亩（比小麦或玉米的生长地面积更多），且草坪维护消耗大量水和能源。相反，它没有提供任何功能空间；尽管它提供了所谓的美，实际上却是空间浪费。如果这些土地用于粮食生产，会带来既不肤浅也与虚荣无关的美。可持续城市化的特点，不仅表现为新型社会空间的营造，还有新的社会审美的创造。这种 250 年前从英国引进的文化已经显得不合时宜，并将极有可能成为庸俗夸耀而非优良品性的象征。

除了界定了"美国梦"的概念，亚当斯还因他的文章《先做人还是先做事：对美国教育的注意》而扬名于世[19]，文中宣称，"显然存在两种类型的教育，一种应该教我们如何谋生，另一种应教我们怎样生活。"

18. Robert Fulford, 'The Lawn: North America's magnificent obsession', 1998, www.robertfulford.com/lawn.html

19. James Truslow Adams, 'To Be or to Do', 'Forum' magazine, Vol. LXXXI, No. 6, New York, 1929, p.321, H Goddard Leach (ed.)

意象恢复——废水回收利用和恢复的经验

宣言（iv） 生态卫士的崛起

在发达国家，生态卫士是个有趣的形象，令人想起环境保护狂、嬉皮士和福音传道者。以上称谓仅包括了一小部分环保活动者，他们为保护栖息地，对抗强大的经济集团利益而遭到迫害，这些利益有时与政府关系密切。许多类似的栖息地同时也是为贫困土著提供生计的家园。著名的环保殉道者柯南·萨罗·维瓦（Kenule Saro-Wiwa），敢于公开反对跨国公司在几十年间倾倒石油废物，对自己的家乡奥戈尼兰（Ogoniland）造成的环境破坏，随后在 1995 年被尼日利亚军事武装力量逮捕、审判并处决。"卫士"一词既不夸张，也不具有讽刺意味。

今日的生态卫士当中包括科学家、政治家、企业家、金融家、名人和设计师。多年来，生态卫士精神已经从遭受迫害的倡导者逐渐渗透到日常的社会成员中，因此，有两类原本不大可能参与的群体逐渐扮演了主要角色，人类史叙事者和农民。

过去 10 年中，在不可持续环境实践的公众意识中已形成了一股潮流转变，这可以部分归因于大众媒体的叙事者。科学统计证明，人类既是广泛环境破坏的肇事者，也是受害者，但事实和数据在激励选民和草根行动方面作用有限。在这个 10 年结束时，影视界已经出现了大量与绿色议程有关的影片，最著名的影片是戴维斯·古根海姆（Davis Guggenheim）的《难以忽视的真相》（An Inconvenient Truth）和罗伯特·肯纳（Robert Kenner）的《食品公司》（Food Inc.）。前者记录了艾伯特·戈尔（AL Gore）所揭示的全球气候变暖导致"地球危机"的观点，后者记录了食品行业对健康、农民生计和环境造成的不利影响。两个纪录片都由参与者影视公司（Participant Productions）出品，这个公司的使命是通过讲述扣人心弦的故事来提高公众对世界问题的意识。他们明白，叙事式的议题比抽象统计更容易吸引公众的想象力。甚至邦德电影也体现出这一时代精神，在《量子危机》电影中的反面角色格林，不再追求统治世界，而是在一个虚假环境组织的伪饰下垄断玻利维亚的供水——离影响变化的临界质量已为期不远了。

第二类关键群体是农民，他们为我们提供食品，使我们可以从事更体面的工作。智能城市中，都市农业处于前沿，农民将承担一种新的指导作用，为社区提供建议——如何能有效种植庄稼。在新近《卫报》选择组建的、可以拯救地球的 50 人专家小组的名单中 [20]，其中 5 人是农民或具有农耕经验者，包括在孩提时就

20. J Vidal, D Adam, A Ghosh et al., '50 people who could save the planet', first published on guardian.co.uk, 5 January 2008

曾在家庭农场工作过的艾伯特·戈尔，同时还有自 7 岁时就已在喜马拉雅山脚下做农民的比雅·黛维（Bija Devi）。她正在引领一项国际运动，以保护在现代农业实践中濒临灭绝的谷物、豆类、水果和蔬菜品种。德维建立了本地种子库，并周游印度，传播濒危作物和传统耕作知识，防治气候变化、土壤贫瘠和病害，保护正在迅速消失的文化传统。

智能城市之外，农民的职权范围将更加广阔。作为土地保管人，这些专业的农民接受训练并被重新赋予权利，管理能源、自然生态系统和林业，并在固碳、野生动物栖息地、原木材料和生物量的需求之间作出裁定。与能源、制造材料以及食物相关的原产地也将成为众所周知的语汇。

可持续发展必须被理解并应用于日常的生活实践中。消费者对威逼式的激进主义反应并不积极，因而需要财政鼓励，并被给予更多所使用能源的控制权。低碳产品和服务需要变得更为合意，这要求借用设计的审美元素。我们经常被告知我们是能够对这个星球的未来做出任何有效改变的最后一代人。生态卫士消失的那一天，是令人期待的一天，因为这将意味着，没有更多的宣讲，可持续发展的生活已成为标准而不再是备选方案。那一天还没有到来，还需要不断战斗以赢得胜利。

对错位优先权的评论："麦田－对抗"，道尔顿（Dalston），伦敦，2009 年，A·丹尼斯（Agnes Denes）

宣言（v） 风景地

我们从景色宜人的田园中突然看到这样一组建筑，它们不但本身美丽绝伦，而且表现出充沛饱满的生机，使我有一种前所未有的兴奋和喜悦。

他说："我不明白你意料中会看见的是哪一种人；也不明白你所说的'乡下人'是什么意思。这些人都是邻近的居民，他们经常在泰晤士河流域走动。"

——《乌有乡消息》，1890 年，威廉·莫里斯（William Morris）

智能城市体系的选址在用地规模、地形、文化和时间等方面各不相同，因此需要根据其环境背景做相应调整。风土（terroir）概念——即葡萄产地的气候、地形、土壤条件和朝向，同样也适用于可食用农产品、可再生能源和社区的培育，因为它们具有区域特定的政治形态、土地所有权、现存的基础设施和文化偏见等等。

马赛公寓（勒柯布西耶设想的最纯粹的社区生活例子）建成时，被人们戏谑地称为"La Maison du Fada"——法国普罗旺斯的"疯人院"。随着"居住单位"的觉醒并打破传统后，自成系统的建筑物被许多人看成内城衰退和反社会行为的原因和象征。另一方面，当"居住单位"概念在美国不被认同时，勒·柯布西耶的思想却引起了南美和香港的关注。1925 年巴黎伏瓦生规划（Parisian Plan Vosin）的高耸十字形塔楼已经在香港实现，并经由中国南部而迅速普及。对高层混合使用生活的认可度可归结为文化因素以及较高的人口密度。

在宏观层面，整个城市成为新型城镇土地利用方式——农地的基地。它的位置利用了农业生产和原料之间的邻接优势，建立了典型的城市养分循环。城市固体废物和废水可以用作肥料和灌溉用水，从而减少了粮食运输以及相应的碳排放。

由于人口稠密地区的高地价，都市农业被认为在城市内是不可行的。艺术家 A·丹尼斯（Agnes Denes）在其作品《麦田：对抗》（Wheatfield: A Confrontation）中富有表现力地阐述了土地价值的悬殊差别，丹尼斯在曼哈顿市中心闪闪发光的摩天大楼周围环绕种植金色的麦浪。在 1982 年秋天，丹尼斯在价值为 45 亿美元的土地上收获了价值 93 美元的农作物。这件作品是为了"唤起我们对错位的优先权和日益恶化的人的价值观的关注"。[21]

在 2009 年的夏天，丹尼斯在伦敦的哈克尼行政区复制了这一作品，她所提出的与粮食的真正价值有关的问题比以往任何时候都更为切题。

21. B. Oakes, B. 'Sculpting with the Environment – A Natural Dialogue', Van Nostrand Reinhold, New York, 1995, p.168

　　哈瓦那的城市农耕模式和胜利花园运动显示出土地成本过高会导致都市农业不可行这一断言的谬误——棕地、停车场、屋顶天台、窗台、驳船和河岸可以在过去创造出生产性景观，也能再次美化我们的城镇景观，同时提供有益的营养并产生社会资本。杂草丛生用地和废弃的屋顶，可以成为用浆果、西红柿和草药取代醉鱼草和荨麻的生动实例。

　　威廉·莫里斯在其乌托邦小说中的新诗——《乌有乡消息》和丹尼斯深刻的评论源于将田园和城市并列考虑，阐述出规模和环境背景如何影响美。小块土地种植的白菜或小麦不会像水仙与郁金香一样成为传统美，但当规模扩大时，复制成千上百倍，重新配置成垂直表面或以一定模式排列时，它们可以获得多感知性艺术（mufti-sensory art）的风采，扩大城市肌理的有限调色板。智能城市中，建筑物和屋顶景观将随着季节变化，不断改变其色彩、体量和气味。莫里斯对那些抨击其社会主义理想，认为私有财产被废除后人类会缺乏工作动力的人的回应是，工作应该是具有创造性并令人愉悦的。在欧洲城市中，等待分配土地的轮候期长达40年，大都市的广泛种植提供了一种方法来消解工作、休闲和艺术之间的传统差别。

　　在人口密集的城市区域内，屋顶、窗台、阳台和墙壁都能开辟为可食作物的生长地，由此激发了第二次世界大战胜利花园的精神。在政府政策的支持下，广场、公园、海滨、船、停车场和棕地等有合适光照条件的公共领域都可以被充分开垦。进步过程将会伴随着植物的成长和环境的日益美化，清晰地呈现在我们面前。

城市农业利用计划性和功能性协同的优势

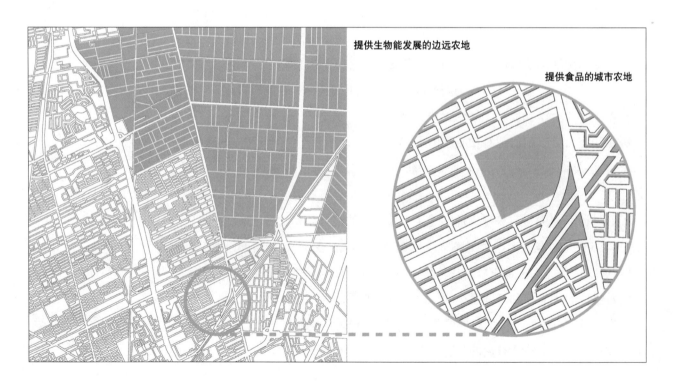

提供生物能发展的边远农地

提供食品的城市农地

社区成长计划的扩散已开始付诸行动，围绕米歇尔·奥巴马白宫花园的公共宣传有助于提高公众认识后院的生产潜力。"城市农业食品链项目"起源于洛杉矶，已将业务扩展到牙买加、加拿大和英国。垂直的种植墙既可以成为独立式结构，也可以作为覆层元素。建筑师罗宾·奥斯特认为这种方式不会占用宝贵的地平面，因此，在最大限度地提高实用楼面面积的经济驱使下，他们的建议对开发商更具有吸引力。这些措施看上去尺度适中，但在激发我们如何思考及获取食物的感性认识转变上发挥了重要作用。城市内的食物墙不需要预先包装，可以使消费者了解到食品的来源，并激发人们友好互动，使得城市社区重现活力。围筑大体量剧院的那些绿意盎然的食物墙也可以提高公众对于建筑的可利用性的认识，使之不仅限于砖、混凝土或玻璃。

也许，新泽西州纽瓦克的布里克市城市农场（the Brick City urban farms）有着更为明智的空间使用方法，即以小块密集型（SPIN）农业依赖模式为基础。这是加拿大农民沃利·萨茨威茨（Wally Satzewich）和加尔·范德斯汀（Gall Vandersteen）首先发明的。布瑞克市农民使用一种简单的装置——塑料箱或"土壤箱"（earthbox），就能够开拓废弃地。"土壤箱"占地较小，便于重植，不仅适用于纽瓦克的受到污染的土地，而且还能最大限度地减少水和化肥的使用。

城市的可替代材料可以不是有机物。光伏发电和风力涡轮机等可再生能源技术还不发达，通常作为一种绿色的营销战略或为了迎合政府的可持续发展政策而加装到建筑屋顶。然而，近年来已有建筑打破这种模式，如伊东丰雄在台湾高雄设计的世界运动会体育场以及伦敦的汉密尔顿联合体育馆群。世界运动会主场馆像一道蜿蜒流动的蓝色波浪，形成了一个整体覆盖着太阳能电池板的公共广场。作为一个综合各学科设计的突出实例，该体育馆被视为年产 1.14 千兆瓦小时的独立电厂（IPP），当场馆没有比赛时，剩余能量可输入电网。

风能则比较麻烦，需要强烈的单向风和大型的空旷地。在建筑物顶部结合涡轮机，进行功能和形式的协同是个非常吸引人的概念。然而，城市通常位于低风速地区，由建筑物形成的气流并不稳定。体育馆群顶部向上 20 米的范围内是一个风电场，包括三个直径为 9 米的风力发电机组。具有一定角度的椭圆形凹面里安装了涡轮机，产生文丘里效应（venturi effect），在引导风的同时最大限度减少振动和风噪。预计的能源回报虽并不可观，但该建筑理念的确阐释出了能源场与建筑物是如何从整体上联合的。

智能城市更多考虑的是宜居的风力发电场和光电伏公园，而不是装点门面的微型涡轮机和太阳能电池的塔楼群。大牌建筑师所青睐的形态随意的不规则标志性建筑，说明复杂的几何形式可以使用工具软件来实现。然而，为什么天才式的设计技巧和尖端技术却不能引入清洁能源形态学的发展？

　　从创新的表面材料和间隙空间转而讨论建筑物，由迪克逊·德斯帕米尔（Dickson Despommier）倡导的垂直农业采取紧凑城市理论，在适宜地段增加小地块比率，以保护受到威胁的生态系统，并将其应用到农业当中。哥伦比亚大学环境健康科学和微生物系（environmental health sciences and microbiology at Colombia University）公共健康学教授德斯帕米尔认为：当前，农作物丰收或歉收完全视气候条件和病害而定，任何与最佳范围的显著而持续的偏离都会对产量产生灾难性的影响。他的解决之道是建立垂直的密封农场以确保全年的作物高产，无须使用杀虫剂，将化学药剂感染的风险降至最低。塔楼模式还可以通过利用与其他城市活动交换所得的废弃能源，减少对化石燃料的使用。据德斯帕米尔估计，根据当前可利用的技术条件，占地为 1 平方米的 30 层的垂直农场将为 10000 人提供充分的营养（2000 卡路里 / 天 / 人）。[22] 农场的监控条件可以对每种植物的化学成分进行分析，使用气相色谱仪来测试黄酮类化合物的浓度，以保证产品的口味和成熟度。基地内不可食用植物的废料经过加工产生沼气，用以人工照明。

　　在新城案例中，有可能会有更为广泛的智能城市理念的介入。新的住房发展规划可以在景观尺度上整合农业；建筑可以仿建自然地形，在其表面覆盖生长介质，确定建筑方位以获取或避免光照，结合水资源保护、跨季节传热和废物回收机制等。正如卡伦堡工业共生体和设想的梦幻农场所阐释的那样，当采用自延续的共生循环体系时，大城市可获得显著的规模效益。虽然莫里斯的农业社会的梦想与当代城市生活方式并不相容，但他所坚信的——"生活的物质环境应舒适、大方、美丽"[23] 这一观点仍然颇具道理。

宣言（vi） 栽种社区

CULTIVATE

动词（翻译）

1. 耕种；耕作

• 松土准备播种或种植。

• 大面积种植植物，以用于商业目的。

• 在养殖过程中培育或维持活细胞或组织。

2. 培养或陶冶（一种品质、情操或技能）：他制造出了冷漠的气氛。

• ［形容词］［cultivated］

使某人改善或发展某人的心态或举止：他是一个相当有修养的人。

——《袖珍通用英语牛津词典》，2009 年

社区作为不断发展的有机实体，其成长需要精心呵护。在适宜的条件下，它们会繁荣生长；在面对气候变化时，它们会去适应新环境或让位于更适合的替代品；当面对新的到访者时，他们或排挤或交叉授粉，共享资源并互相交融。社区与农业有许多共通之处，可以互相借鉴。

斯凯罗（Skid Row）位于洛杉矶，是美国最大的贫民窟，也是城市农场的新近受益者之一。这个城市农场总部设在底特律，由歌手塔娅·塞维莱（Taja Sevelle）最近创办，是一个致力于消除饥饿的非营利组织。该城市农场与建筑师埃尔姆斯利·奥斯勒（Elmslie Osler）和绿色生活科技组织一起，安装了一系列 30 英尺高的墙壁，每堵墙可容纳 4000 株植物，为贫困地区供应西红柿、菠菜、辣椒、莴苣、韭菜和草药。值得注意的是，该项目将社区内的各年龄段和种族的弱势群体集聚起来，提供学习新技能的机会，并减少地方犯罪。

粮食具有世界性，是跨文化、跨性别、跨阶级、跨时代的。作为生存的关键前提，粮食是定义我们社会的伟大民主主义者，是智能城市生活的基本要素。法国的人类学家克洛德·列维-斯特劳斯（Claude Levi-Strauss）指出，烹饪礼仪不是先天固有的，而是后天学习的[24]；人体消化系统能够消化几乎所有的有机物，并区分是否可以食用。粮食作为一种社会媒介，传达着各种意义，从基督教教堂的圣礼和犹太教的饮食法规（kosher law），再到宴会礼仪、节日庆祝、施粥场的

22. D Despommier, 'Vertical Farm Essay II: Reducing the impact of agriculture on ecosystem functions and services', 2008. Retrieved 14 January 2007, www.verticalfarm.com/essay2_print.htm

23. From Morris' lecture 'How We Live and How We Might Live' delivered to the Hammersmith Branch of the Socialist Democratic Federation (SDF) at Kelmscott House, on 30 November 1884. N Salmon, 'The William Morris Internet Archive: Works', Marxist Internet Archive, www.marxists.org

24. C Levi-Strauss, 'Le Cru et le cuit' (1964), Mythologiques I-IV (trans. John Weightman and Doreen Weightman), Harper & Row, New York, 1969

社会责任和绝食抗议。城市的食物满足了人们对于触觉和有形资产以及数字化的向往，展现出与人交往而非机械操作的城市发展模式。城市农业项目中的蔬菜墙是一个城市空间现象实例，刺激着我们的五官六感，当然也是一个将幻想变成现实的、可以品尝的建筑。

对城市环境内的农业和能源发电系统进行部署只是故事的一部分。很多批评将矛头指向已规划的社区，从美国的莱维敦到战后英国新城镇的三次浪潮，和正在进行的"泰晤士门户"（Thames Gateway）项目。泰晤士门户是欧洲最大的重建计划并得到持续关注，其结果将是"史代福式"郊区（Stepford Suburbias*；）和"NoddyTowns"的集中体现。

莱维敦和米尔顿凯恩斯的失败，部分可以归结为霸道的机动车和无需技能的低收入工人工作机会的缺乏。一旦这些新镇自筹经费，而采纳可能的大型发展计划时，任何与城市未来有关的前锋思想都必须妥协以迎合市民对私人交通的需求。人车分行在英国和美国仍然不大受欢迎，阻挠了真正的可持续城市环境思想的具体化。

从图纸到现实的转变，通常忽略了地方特色。欧洲大都市（如伦敦）拥有久远驳杂的历史，如同城市编年史家彼得·阿克罗伊德（Peter Ackroyd）和伊恩·辛克莱（Ian Sinclair）描述的那样，已成为一部纹理丰富、经过重新书写的羊皮卷。然而，经过规划的社区缺乏随着时间积淀而逐步培育出的识别性。社会经济贫困的城市地区都面临着同样的问题，这是不合时宜的工业遗存的产物。本质上，作为大型社区，城市是一个变异、萎缩和死亡的生命系统网络。

无论是在未开发的场地上进行建设，或与已形成的大都市整合，智能城市都在寻求识别性和场地遗产的保护，认为过去与未来同样重要。传统上讲，住区的特点和产业取决于其所在地及周围的地理独特性，无论是英格兰浴水疗中心和遍布日本火山地区的地热温泉，还是美国伊利诺伊州中部、宾夕法尼亚州西南部、西弗吉尼亚州的采矿城镇，这些城镇最终推动形成了整个大陆的铁路建设与发展。同样，在加利福尼亚北部的瓦恩县（Wine Country），包括索诺玛县（Sonoma County）和纳帕谷（Napa Valley），葡萄栽培源于独特的地区气候和土壤条件，创造出一种与巴林的中东银行资本（the Middle Eastern banking capital of Bahrain）截然不同的就业、旅游和文化类型。

金融机构和农业可能会吸引不同的合作伙伴，但随着2009年全球经济崩溃，区域特定的美食已开始作为一种可行的流行形式。埃米利亚诺信托（Credito Emiliano），是Montecavolo（意大利城市）的区域性银行，自1953年以来已许可将帕马森奶酪作为贷款的抵押物。该银行拥有两个气候控制仓库，储存了价值

---

* Stepford，环境悠和宁静，仿如世外桃源的小镇。——译者注

为 187.5 亿美元的帕马森奶酪。贷款占银行收入的比例可能还不到 1%，但考虑到奶酪需要五年时间熟化，它对于保护 Montecavolo 的传统美食和地方经济却至关重要。其他食品如圣丹尼尔的火腿和托斯卡纳的布鲁奈罗红葡萄酒也被视为非传统的抵押物，这些食品在原材料和地方传统知识两方面都有高度的产地特性。借用马克思的劳动价值理论：商品应该值得投入大量的时间和人类劳动。

对城市识别性的探索，必须超越当前流行的地方品牌打造手段——通过吸引新的居民和刺激企业投资恢复内城的举措。但场所需要的是塑造而非四处兜售。被推销的特点总是普适的，比如良好的交通联系和绿地空间；而期望与现实之间也很少一致。城市不是产品，它们更为复杂，并不直接与其他城市竞争，而是通过多个层面的不同部门之间运作。在环境方面也可以利用地方特色。某些社会和环境条件更适合某些过程。尽管还需考虑食物里程的因素（Food miles），但新西兰仍然适合饲养和出口羔羊，因为新西兰土地富饶、气候温和，牧场一年四季都可放牧，无需任何食品添加剂或生长激素。

有观点认为地方主义可作为对全球化引起的个性丧失的回应，这个观点从食品延伸到建筑材料和建造技巧。印度北方邦的法塔赫布尔·西格里（Fatehpur Sikri）是一处世界遗产，建于 16 世纪莫卧儿王朝，建筑材料几乎完全来自该地区开采的红砂岩石。类似的还有英国的巴思镇，其温馨的城镇面貌得益于巴斯岩的广泛使用。地方主义的现代实例是冰岛的雷克雅未克（Reykjavik），冰岛因其丰富的国家自然地热资源促进了铝工业的迅速发展，该市使用色彩鲜明的波纹铝作为建筑立面材料，既具有地方特点，又可以循环再用。

成功的地方决策和社区的自豪感的培育依赖于地区的差异和对地区特点和活力的强调。巴塞罗那将国际事件和建筑相结合，作为重新改造的契机。自 1888 年世界博览会后，休达德亚（Ciutadella）成为全市最大的公园；1992 年奥运会后的奥运遗产，包括供市民使用的新沙滩的建立，依旧保持未来奥运城市的标准。值得注意的是，巴塞罗那重建与佛朗哥当政时期一样，集中于改善公共城市结构、学校、广场、博物馆、污水处理厂和社区中心，并有国际知名建筑师的参与，如圣地亚哥·卡拉特拉瓦（Santiago Catatrava），恩里克·米拉莱斯（Enric Miralles）和卡梅·皮诺斯（Carme Pinos）。而它的邻居——港口城市毕尔巴鄂的命运则完全被弗兰克·盖里设计的古根海姆博物馆改变。调查显示 82% 的游客是专门来参观这个博物馆的。古根海姆博物馆重新激活了城市，带动了巴斯克自治区作为后工业服务基地的经济转型。

社区培育涉及的正是罗伯特·帕特南（Robert Putnam）的著作《独自打保龄——美国社区的衰落和复兴》中所描述的这一代人。[25] 帕特南将社会资本描述为个体或团体之间的关联——社会网络、互惠性规范和由此产生的信任；强调搭

25. R D Putnam, 'Bowling Alone – The Collapse and Revival of American Community', Simon & Schuster, New York, 2000

桥资本（bridging capital）的重要性，即社区的交互连接对和平的多民族国家的形成至关重要；并探讨公共政策怎样促进或破坏社会资本。例如，美国在 20 世纪 50 年代到 60 年代间清除贫民窟的行动所产生的物质资本是以更有价值的、现有的社会契约资本为代价。同样，以提高效率的名义对当地邮局和小规模的学区的合并有着不可预见的社会成本。中产阶级化（富人涌入内城）使得贫富阶层拉近了距离，但是敌意与积极的社会交往同时存在。种族飞地，如唐人街和小意大利，而非种族隔离区，阐释了容纳多样性和促进同化之间的差别。

复兴框架和环境协议必须扩散至全球范围内，社区应在草根阶层涌现，智能城市成长的关键是将权力下放至一线的地方代表，他们能够比铺张浪费的上层官方机构更好地分配资源、评估需要。社会资本在个体之间逐渐形成；地方结构需要安排到位，使得被剥夺公民权的人重新获得公民权，并感动那些心怀不满的人。

粮食是不同社区之间的共同基础。住房、交通、水、暖、电、排污、废物处理和数据服务都是（或渐渐成为）城市生活的基本必需品，从而使城市成为创造新的社会资本的理想场所。在城市新开发中，立法规定混合住房保有期和经济适用住房的最低限度供应是重要的一步。智能城市进一步采取的措施是：清除私人机动车,广泛利用为社区量身打造且为社区所有的公用事业服务公司（MUSCOs）。能源、水和废物处理的供应不再仅被国家控制，运作透明的公用事业服务公司可以用较低的消费账单或资金的形式向城市返回多余的利润，并将资金注入到其他社区项目。

解决有害食品业的有效方法是使用大量的、相互扶持的小规模永续生活设计 *（Permaculture），社区与农业有许多共通之处，可以互相借鉴。

---

* Permaculture：最早是由澳洲比尔·墨利森和戴维·洪葛兰于 1974 年所共同提出的一种生态设计方法。其主要精神所在就是发掘大自然的运作模式，再模仿其模式来设计庭园、生活，以寻求并建构人类和自然环境的平衡点，它可以是科学、农业，也可以是一种生活哲学和艺术。它取代大规模的、具有破坏性的单一种植。——译者注（引自百度百科），http://baike.baidu.com/view/2755042.html。

意向恢复——在废弃地上的生产性景观共同创造提供了一种培养工作机会和社会责任感的方法。

图示挖掘混凝土丛林

伊斯坦布尔

台北

深圳

深圳

伦敦

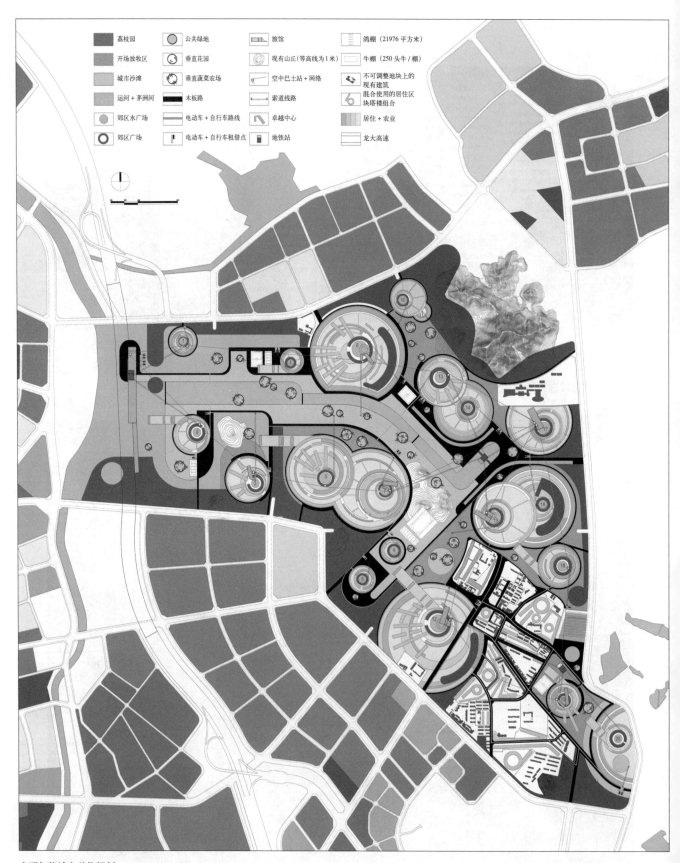

图例

荔枝园	公共绿地	旅馆	鸽棚（21976 平方米）
开场放牧区	垂直花园	现有山丘（等高线为 1 米）	牛棚（250 头牛 / 棚）
城市沙滩	垂直蔬菜农场	空中巴士站 + 网络	不可调整地块上的现有建筑
运河 + 茅洲河	木板路	索道线路	混合使用的居住区块塔楼组合
郊区水广场	电动车 + 自行车路线	卓越中心	居住 + 农业
郊区广场	电动车 + 自行车租借点	地铁站	龙大高速

光明智能城市总体规划

案例研究 1 都市农业

中国光明智能城市

一群人蹲在路边，其中有些人通过小赌消磨时间，另一些人在抽烟解闷。他们原本以耕种为生，但现在却不再拥有农田。在从传统村居移居到"梦寐以求"的现代高楼的最初新奇感过后，这些中国新城镇居民中的一部分人找到了谋生手段，做着小本生意或当上了建筑工人。而其他更多的人则只能依靠得到的现金补偿生活，而这种现金补偿是一把双刃剑，因为钱是有限的。

为了保持中国经济的快速发展，超过 2 亿农民在过去 30 年中转变了生计，让位于工业化和城市化。中国的全部土地归国有，划分为小块以长期租赁的形式允许农民使用，这为土地征用扫清了障碍。尽管越来越多的人关注粮食的自给自足，并制订了农村改革计划以保障耕种土地的权利，但是，地方当局在很大程度上已经可以无视中央政府的指令。

保留耕地的立法日益重要，因为中国供养着世界人口的 22%，却只占世界耕地的 10%。可以肯定的是，过去几年中，恢复耕作的土地比划拨为建设用地的土地要多，农村居民搬迁到城市后的腾退用地已经转变为耕地。与此同时，农村移民已经以老乡联络的形式替代了重要的社会纽带。村民保留了对出生地强烈的忠诚，这一点反映在他们对抚育后代、生活习惯和就业的态度上。

在过去的 30 年中，中国城市发展迅猛，有些城市规模甚至比很多工业国家的城市还大。在农村居民渴望参与中国的经济繁荣发展过程的驱使下，预计到 2010 年，中国将有一半人口从农村转入城市。在基本的工农业产品消费方面，中国已超越美国，成为世界最大的粮食、肉类、煤炭及钢铁的消费国。伴随着工业、农业和经济的巨大变化，资源需求大幅增加，环境问题也日益凸显。

拥有 20 万居民的深圳市光明新城中心提供了开辟城市范式的机会，这种城市范式能够协调城市增长和乡村保护两者需求之间的矛盾。因而，在本质上，光明新城就是一座智能城市。中国历史上就已建成过最为宏伟壮观的城市，早在公元 17 世纪北京城人口已达到 200 万人。但是，中国仍然是一个农口大国。光明新城将继承农业传统，创建处于生态可持续发展前沿的混合型城市，并开拓深圳新的城市生活方式。

光明智能新城中心位于广东省深圳市西北部的光明新城内，占地 7.97 平方公里。四周农田环绕，西邻龙大高速公路、茅洲河和公明村工业园，南邻光明高

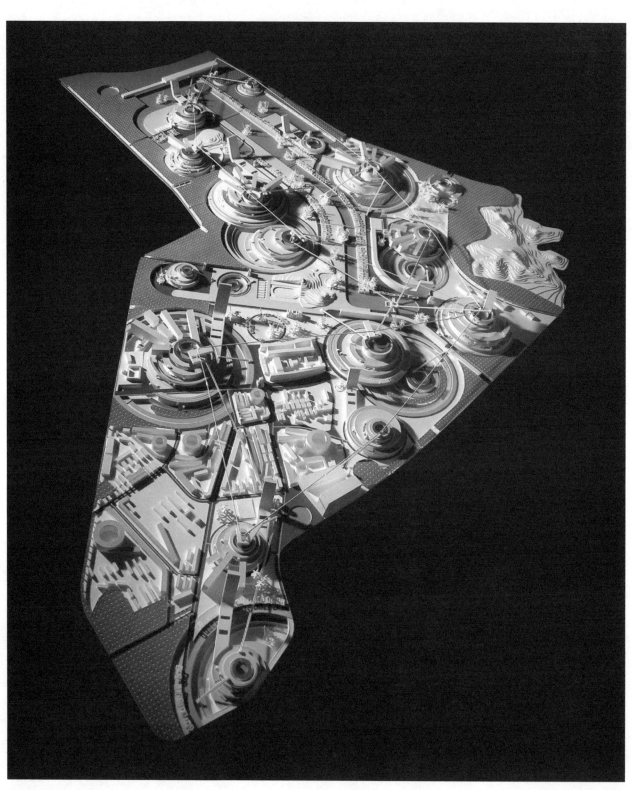

光明智能城市的模型

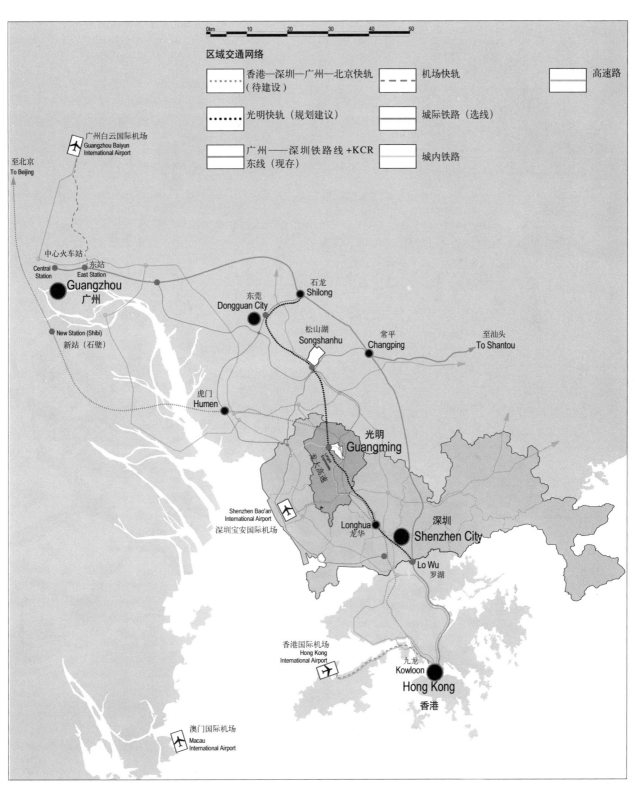

光明智能城市的区位和区域交通网络

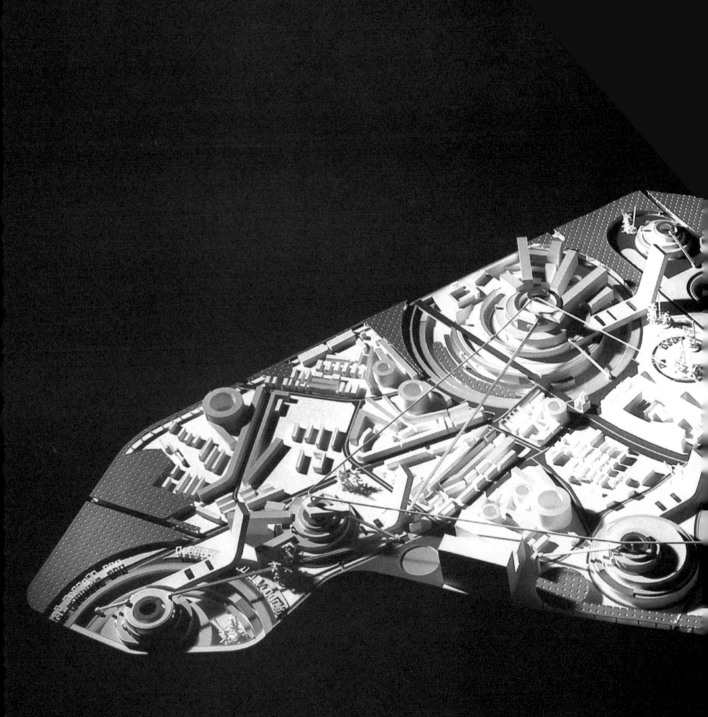

光明智能城市的模型

新技术产业园。毗邻东莞市，距深圳国际机场 18 公里，距香港 40 公里，从深圳市中心驱车一个小时即可到达。

区域发展+ 智能城市的新项目

光明智能城市的新项目建设与区域发展紧密相关。从根本上说，智能城市不能成为一座孤岛城市，它必须对区域甚至更大的地域范围予以支持、补充并扮演生成种子的角色。高效的交通基础设施全面覆盖光明智能城市，实现与周边宝安区多层面的整合，提供市政、商业、娱乐、农业、文化和旅游设施。除了包括城镇中心的基本功能，智能城市还将包括有机都市农业、观光农业和生态美食业。

光明智能城市既可以为本城居民提供服务，还将作为公明和松山湖的市政和商业中心。除了提供日常服务和生活必需品，商业中心还将专门销售生态产品、有机食品，促进与可持续发展思潮一致的整体生活方式（Holistic Living）。因此，智能城市不会重复深圳市或东莞的零售和服务业，而是提升其作为可持续生活典范的品牌形象。

农业语境

当前，中国在努力提高农业生产效率的同时，也在为遭受高失业率的广大进城农民提供就业。在未来的 30 年中，中国打算将农业劳动力降至 10%。从长远来看，新的城市居民涌入将为城市内的商品和服务行业创建一个新市场，促进就业和国内生产总值。但在短期内，缺乏在城市环境中工作所需技能的昔日农民，已脱离了社会基础设施（social infrastructure），并遭到城市居民的歧视。在光明智能城市中，城市和耕地的混合分布为前述问题提供了一种临时解决方案，城市在提供新领域就业培训机会的同时，允许农民保留其土地，进而使得农民获取了在城市中工作无法得到的社会保险。兼职农业变得可行，城市拥有高端和高收益农业的多样化发展方式提供了一个与其他职业待遇同等的替代性职业路线，并保持了与土地的联系。

奶制品、蔬菜、水果和鸽子养殖等当地生产传统将予以保留，并引入先进的技术进行现代化改良。光明智能城市将继续作为香港牛奶和蔬菜的主要供应商，而且将使用水产养殖和水栽培技术提高作物产量。作物抗病能力将得到改善，城市富有营养的废弃物将被回收以建立循环经济。加之拥有着创新型立体农场与立体花圃、耕作实验室以及营养与食品科学研究机构，智能城市将成为广州华南农业大学的理想实验基地和合作伙伴。传统上，对村民的教育被视为是转向城市就业的一种手段；而大学毕业水平的农村教育可以扭转这种趋势，允许农民采用新技术并纠正陈旧的城市偏见。

现有的农业社区及新型农业学校将发挥以下重要作用：在当地维持一个具有熟练技能的劳动力人才市场，足以自主生产。当地的食品生产将树立强烈的社区意识，有助于减少食品运输的能源和燃料消耗。光明智能城市将居民安置在食品生产地，而非将食物运送到居民所在地。

牲畜和农作物的生长符合自然规律，并禁止使用杀虫剂和防腐剂。饲养动物时，不添加任何生长激素。牲畜粪便和人类有机排泄物通过厌氧消化池的处理成为养料，展示出休闲农业的高效。

目前，大多数中国的有机食品均向国外出口。然而，随着中国消费者生活水平和购买力的提高，预计国内市场对于有机食品的需求会日益扩大。

生态美食和观光农业

生态美食倡导健康饮食观念和环境保护意识。智能城市易于获取当地最优质的农畜产品并承诺使用有机耕作技术，本地及外地游客将会品尝到超级美味的饮食，并可了解食品的原料。智能城市是探讨关于食品生产、解读、开发及分享主题的理想国际舞台。

尽管光明智能城市人口密集，但巧妙的城市规划以城市海滩和运河的形式，为大众创设了充足的娱乐空间和休闲绿洲。牧场和农田绿意盎然、景色迷人，与工业园和周边地区的城市布局形成鲜明对比。城市海滩离市民较近，与海滨相比，

当地的有机农产品

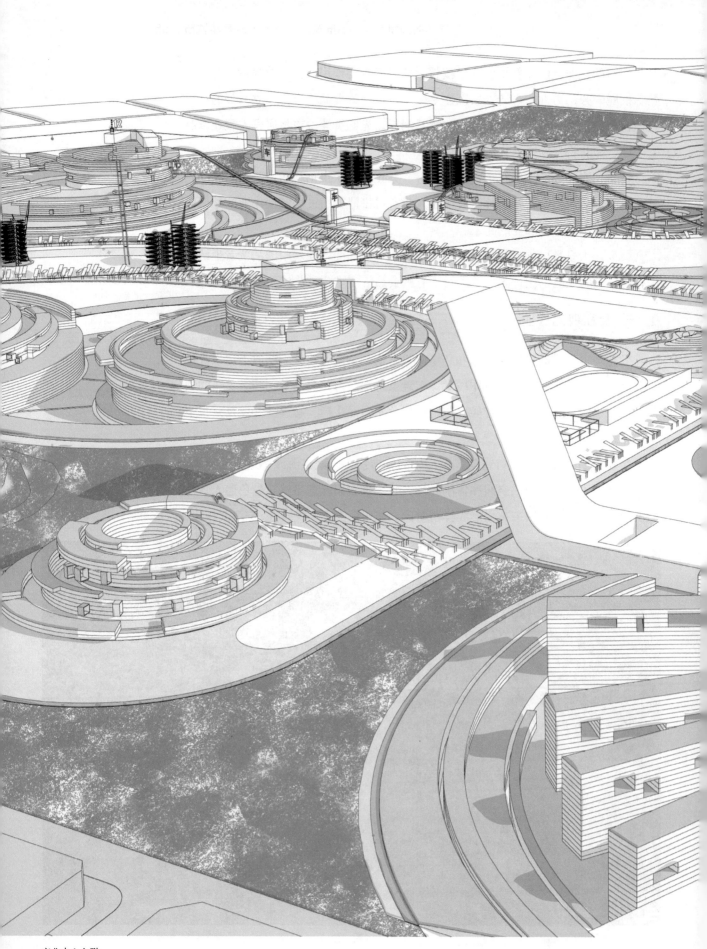

商业中心鸟瞰

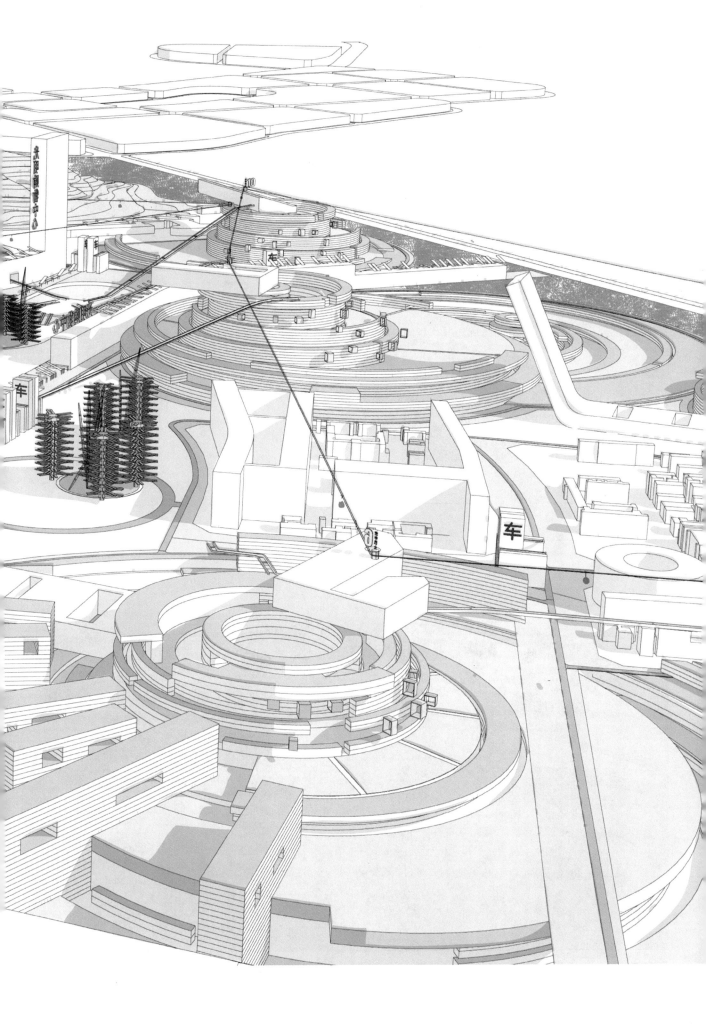

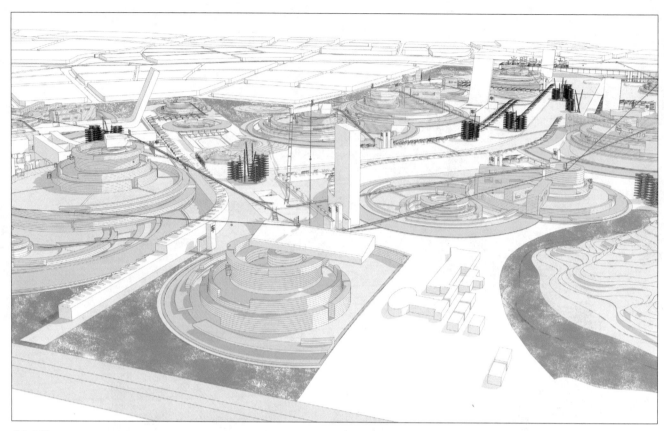

北部鸟瞰

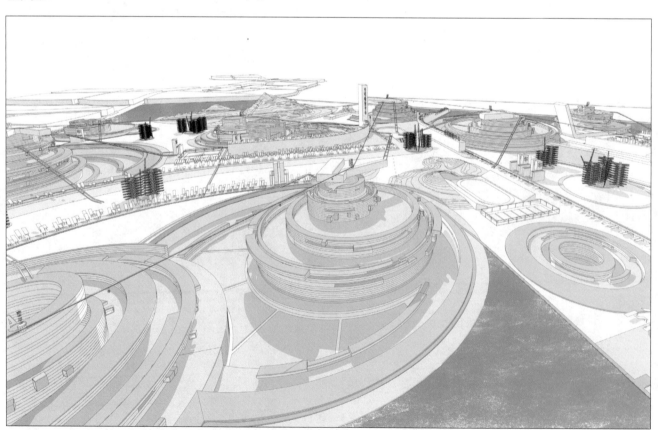

东部鸟瞰

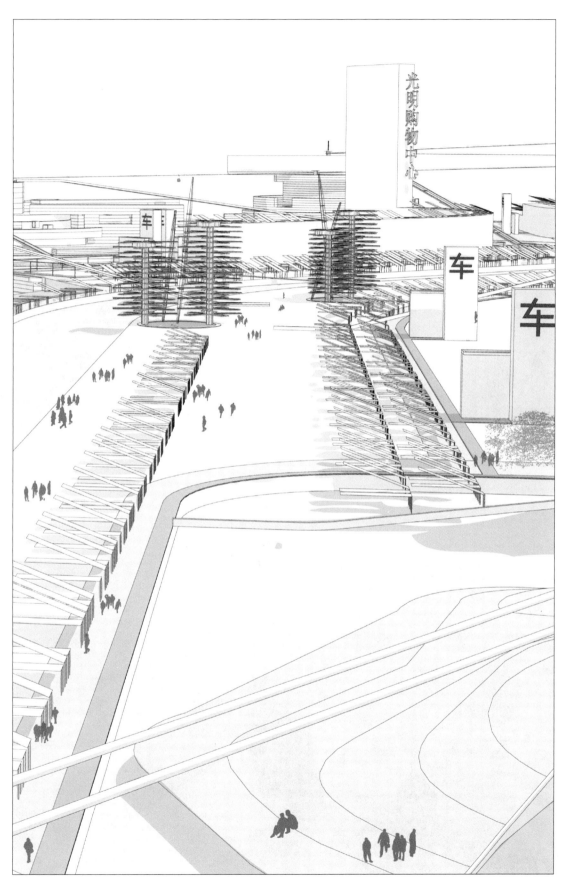

火车站鸟瞰

荔枝园作为天然的污染过滤器

郊区台地的社会和文化活动

郊区广场的水库

水上农产品市场

是一个更加便利的休闲去处，海滩附近豪华宾馆和别墅鳞次栉比，使此地成为公明地区和深圳市民周末度假的理想胜地。此外，智能城市也是松山湖等其他休闲场所的旅游基地，提供诸如垂钓和划船等休闲活动。

城市框架

光明拥有着丰富的山地和河流资源，有利于塑造城市形态。智能城市住宅和农场郊区设计基于现有地形，采用最佳规模的塔楼组团形式，并增强了现有的地形起伏。塔楼组团借用日本新陈代谢派 (Metabolists) 的技术形式主义和同心圆街道和建筑物的乌托邦形式，但是不同之处在于，还引入了楼层高的阶地形成第三维度——垂直维度。这种退台式布局增加了公寓楼和办公室内的自然采光，并形成空气的自然对流，由此缩小建筑间距以增加建筑密度，而不必担心日照遮挡。最重要的是，退台形成的水平屋顶可用于耕作，并且不用担心侵蚀和滑坡问题，最终，在大量规模住宅与耕地之间建立起史无先例的空间联系。地形在必要时可以重塑，通过土方平衡的重新安排，或者使用以惊人的速度堆积在中国城市外围的非生物降解的填埋垃圾。

郊区塔楼的高密度阻止城市的蔓延，倡导那种协助限制市中心居民的碳足迹的紧凑型土地利用模式。每片塔楼都有自身的高架街道、郊区广场和各自的社区识别性，并具有自给自足的特点。

在开发区的中心地带有一片人造海滩及一条通往茅洲河的运河，此处设有苇地水净化系统。此人造海滩是一片平静的绿洲，与普通的开放空间相比，不但风景优美，而且富饶多产。环绕海滩铺设的木栈道将各个社区连接起来，提供了会面与社交的场所。木栈道可以供居民打太极拳、慢跑和保健散步，也允许自行车或电动车穿越。

80 多个立体菜园散布在城市的中心地带，共同构成市区的耕地研究基地。城市的立体花圃与立体菜园比邻而建，花香四溢，空气清新。菜园和花圃之间的地带用于放牧。

智能城市是步行区，每个郊区设计有自己的市政设施以确保日常活动在步行范围之内。城内邻近区域之间的主要交通工具为轻轨（简称 MTR）。电动或沼气动力空中公交车在各个塔楼组群社区顶部的城市广场之间穿梭。社区内部通过缆车、电梯和自动扶梯可到达城市广场。市政厅坐落在最大的郊区塔楼顶端，可以俯瞰整座城市；并且与中央火车站位于沿茅洲河的一条轴线上。其他 6 个卓越中心分别坐落在其余的郊区塔楼，构成城市的空中庭院，对传统的城市广场进行了重新诠释。

该地区著名的荔枝和龙眼等水果种植在城市周围，帮助净化城区空气。其间

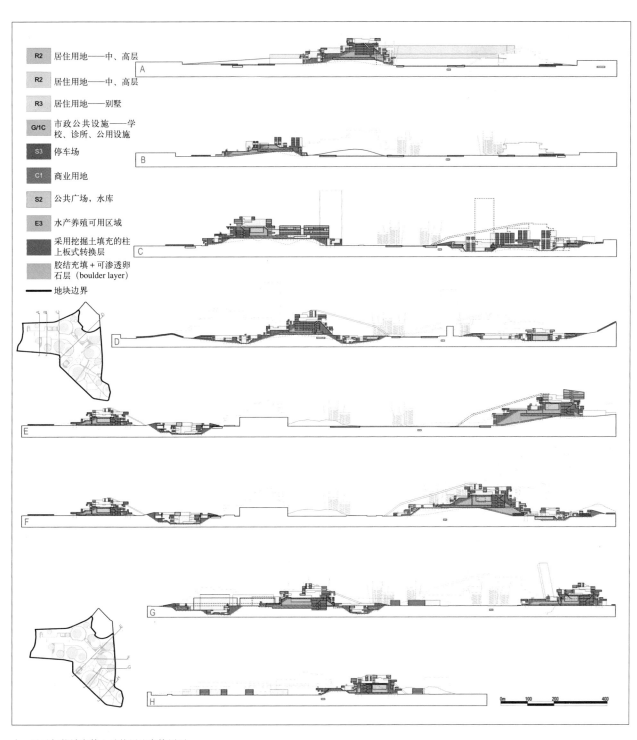

R2　居住用地——中、高层

R2　居住用地——中、高层

R3　居住用地——别墅

G/1C　市政公共设施——学
校、诊所、公用设施

S3　停车场

C1　商业用地

S2　公共广场，水库

E3　水产养殖可用区域

采用挖掘土填充的柱
上板式转换层

胶结充填 + 可渗透卵
石层（boulder layer）

地块边界

上：显示智能城市的土地使用分布的剖面
后页：光明智能城市设施规划

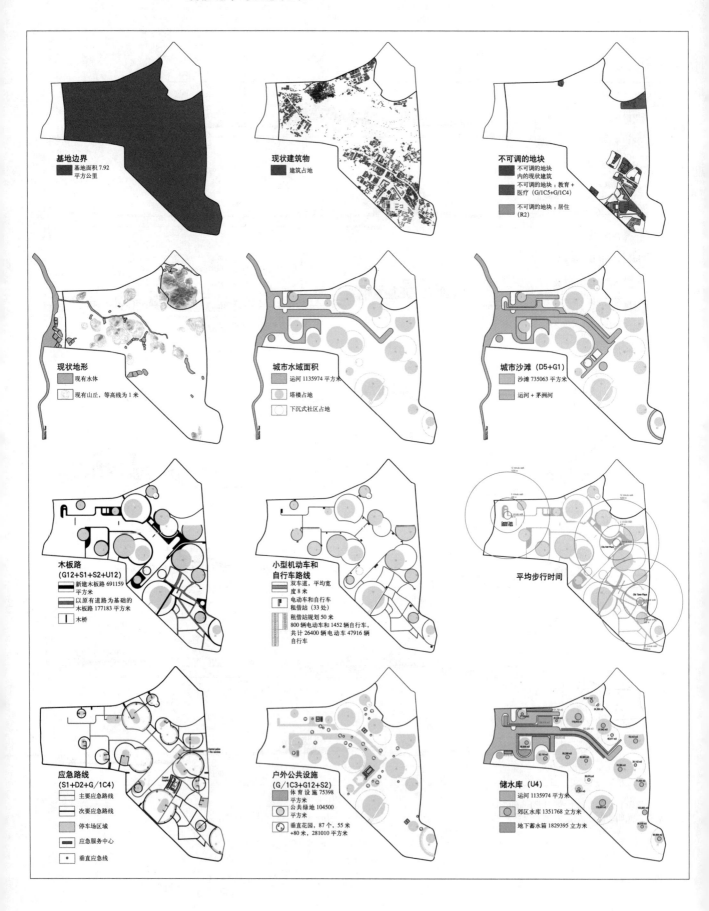

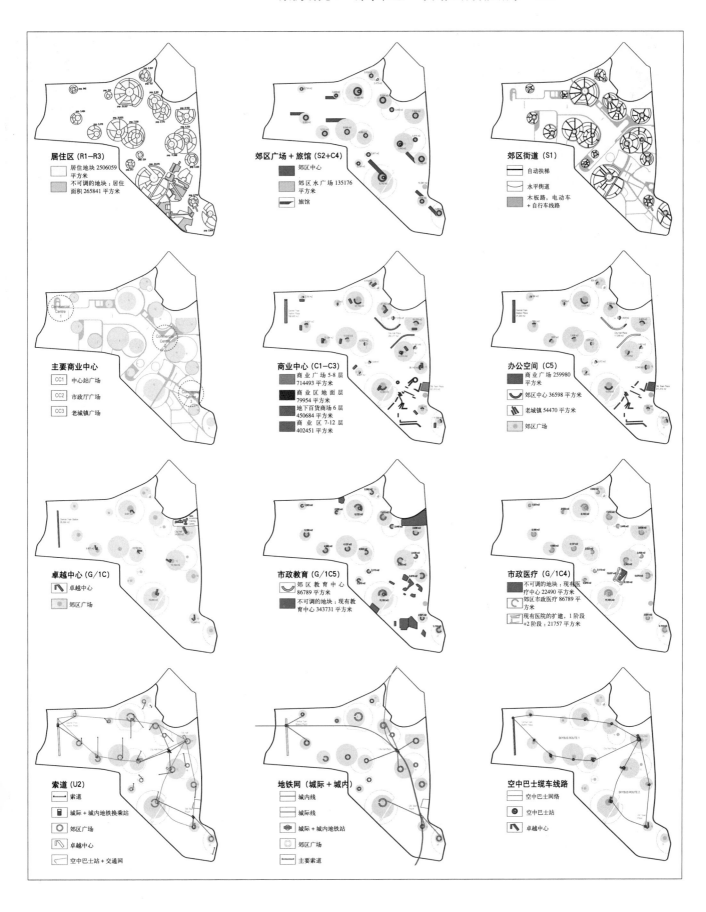

居住区 (R1-R3)
居住地块 2506059 平方米
不可调的地块：居住面积 265841 平方米

郊区广场 + 旅馆 (S2+C4)
郊区中心
郊区 水广场 135176 平方米
旅馆

郊区街道 (S1)
自动扶梯
水平街道
木板路，电动车 + 自行车线路

主要商业中心
CC1　中心站广场
CC2　市政厅广场
CC3　老城镇广场

商业中心 (C1-C3)
商业广场 5-8 层 714493 平方米
商业区地面层 79954 平方米
地下百货商场 6 层 450684 平方米
商业区 7-12 层 402451 平方米

办公空间 (C5)
商业广场 259980 平方米
郊区中心 36598 平方米
老城镇 54470 平方米
郊区广场

卓越中心 (G/1C)
卓越中心
郊区广场

市政教育 (G/1C5)
郊区教育中心 86789 平方米
不可调的地块：现有教育中心 343731 平方米

市政医疗 (G/1C4)
不可调的地块：现有医疗中心 22490 平方米
郊区市政医疗 86789 平方米
现有医院的扩建，1 阶段 +2 阶段：21757 平方米

索道 (U2)
索道
城际 + 城内地铁换乘站
郊区广场
卓越中心
空中巴士站 + 交通网

地铁网（城际 + 城内）
城内线
城际线
城际 + 城内地铁站
郊区广场
主要索道

空中巴士缆车线路
空中巴士网络
空中巴士站
卓越中心

郊区的塔楼组合

零星分布着停车场和为本社区及外地游客服务的废弃物回收中心，为本地能源发电提供原料。茅洲河两岸树林郁郁葱葱，将智能城市包围，并一直延伸至邻近城镇。智能城市中心能够自给自足，但并不意味着与外界中断了联系，它独特的城市环境规划实现了与区域之间的互惠关系，二者相得益彰。

塔楼社区

塔楼社区的规模大小通过了精心的设计，以实现在提供多样化环境的同时，又可以充分利用共享资源。在环境方面，共用隔墙可以带来能耗降低和结构整体性提升的协同效益。在社会方面，优化各社区的规划人口数量，以实现教育、健康、商业和娱乐等方面的自给自足，满足社会各阶层各年龄阶段居民的需求。大部分住宅为廉价社会住房，并且所有建筑物都满足日益增加的老龄化人口的可达性需求。房屋呈放射状布局考虑到家庭内部的辈分因素，特别是那些有两代以上人口的家庭。房型种类繁多，有家庭住宅或公寓、别墅、工作室及老人公寓，从这些房屋均可欣赏到迷人的田园风光。

每片郊区塔楼顶部均有一条主街道，配有商店和服务设施以满足日常需求：裁缝店、杂货店、门诊所、牙医诊所、眼镜店及天然康复中心、电影院、邮局、银行、学校、宗教中心和办公楼。郊区广场可作为农贸市场、社区聚会空间、音乐会和节日庆典的户外表演场地。广场中心设计了蓄水池，可以存储雨水，帮助夏季制冷，同时还为社区活动提供了一个富有魅力的背景。虽然这些塔楼均配有类似的基本游憩设施，但每座塔楼均有其独特的风格，并且 8 个卓越中心各不相同，分别是媒体中心、国际美食节会展中心、生态美食博物馆、农业大学、国际食品论坛、国际烹饪及餐饮学校、光明智能城市中央火车站和光明市政厅。这种城市布局鼓励不同的塔楼社区之间的社会交往。

塔楼的形成

该提案通过挖填工程，增强地区自然地形的起伏。现存的山丘通过从相邻地区采土堆积加高，形成每座塔楼的天然地基，其上堆砌的是从附近的基岩采掘出来的砾石。然后，采用标准方法安装石柱、现场压实的岩石。钢筋混凝土的地下停车场的底板、柱和顶板均采用装配式建造。在山体轮廓最终形成后，表面覆盖土工布层（geo-textile Layer）和砂土，这能够使得砾石层保持密闭，避免山内的过冷空气穿过砾石层通往上部建筑。

钢筋混凝土独立基础设置在石柱及已建成的拱顶地下室之上。悬臂板承载受力范围内的公共空间。立方式的结构承载道路和农业地区。大型的环形居住建筑结构由石柱承担，将力传递到地平面以支撑现浇预应力钢筋混凝土厚板转换层。

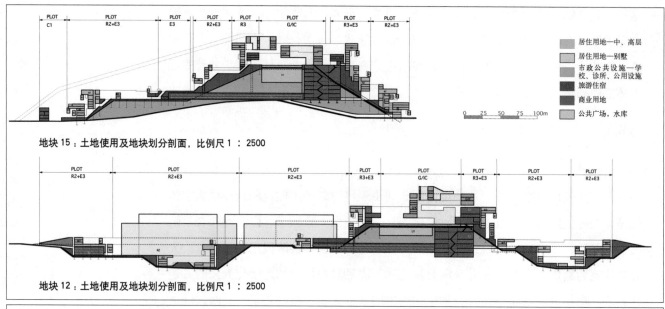

地块 15：土地使用及地块划分剖面，比例尺 1：2500

地块 12：土地使用及地块划分剖面，比例尺 1：2500

图例：
- 居住用地—中、高层
- 居住用地—别墅
- 市政公共设施—学校、诊所、公用设施
- 旅游住宿
- 商业用地
- 公共广场，水库

0 25 50 75 100m

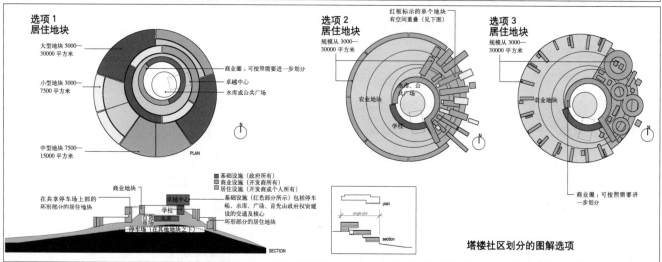

塔楼社区划分的图解选项

上：显示土地利用和地块划分的剖面

下：塔楼块划分的图解选项

在光明智能城市生活的一天

林女士——年长者
1. 林女士一早起开始打扫房子；
2. 随后，她到郊区的天空广场；
3. 她在水池边练太极；
4. 林女士和几个朋友一起在饮食街吃早点，然后到附近的市场买些杂货；
5. 然后，林女士到广场市政区的诊所看中医；
6. 回家做饭，午餐是米饭和蒸菜；
7. 午休；
8. 下午去探望住在外环的朋友；
9. 回家，为自己和在荔枝园工作的儿子准备晚餐。

张小明——青少年
1. 早餐后，小明去同学秀芳家。
2. 小明和小芳步行到学校，学校在幼儿园上方的市政区；
3. 小明在学校度过了一天，他在操场天台上的学校餐厅或附近的郊区广场的咖啡馆吃午饭；
4. 放学后，小明到卓越中心之外的天空巴士平台；
5. 他乘坐缆车到当地的体育场踢足球；
6. 锻炼结束后，他乘坐天空巴士返回所居住的塔社区；
7. 小明经过郊区广场回家；

8. 吃完饭后，小明写家庭作业，然后上床睡觉。

蒋先生——农民
1. 蒋先生与年迈的母亲林女士一起住在主要内环的底部，他起床很早；
2. 在上午的大部分时间内，蒋先生在自己家门口外的水产养殖区内忙碌；
3. 因为离家很近，所以回家吃午饭；
4. 下午，蒋先生乘扶梯到塔楼基础，乘车去荔枝园；
5. 花了几个小时修剪果木；
6. 乘扶梯回家；
7. 与母亲共进晚餐。

张先生——工业园区工作者
1. 张先生与妻子、儿女生活在内环；
2. 早餐后乘电梯到地下停车场；
3. 经外围连接路，驱车前往工作地——高新技术产业园；
4. 张先生下班后返回到塔楼社区；
5. 他从停车层进入百货公司，并购买一些家居用品；
6. 他上到塔顶商业圈的美食广场，与妻子和女儿共进晚餐；
7. 享受悠闲餐之后，他们在商店周边逛了逛，然后乘电梯回家；
8. 回家休息。

这些厚板通过混凝土横墙加固。混凝土单向板（Simple plates）承载了各种用钢筋混凝土、砌体、木材和轻型钢框架建成的居住建筑。

新的结构布局使得伸缩缝落在基地的径向分隔上，为每个区域的独立发展提供机会。塔楼的中心广场和水箱建立在具有弹性的预应力混凝土基础上。周围墙体内部的垂直输气管从岩石层向上传输凉爽的空气。

地块划分和灵活性

尽管圆形塔楼组合表现出强烈的形式感，但该设计方案在各尺度层面又都具有内在的灵活性。每个塔楼组合可以看做一系列的线性街道构成的同心环形式。每个环又被辐射状道路分割成小块用地，确保居民可以方便到达每个地块。地块的规模范围从 3000 平方米到 350000 平方米不等。这些地块的比例和规模可以很容易地被重新分配，以适应土地转让的需求。

此外，总体方案还采取了另一种混合塔楼社区模式，这种模式中的圆形被打破，以纳入从同一中心向外辐射的、传统的正交城市布局。这种布局有如下优点：引入更多的场所和特点；整合现有居民点；解决土地转让的复杂性问题。

在社区尺度上，塔楼组合的空间和结构设计还可以应对未来的变化。在满足自然通风和采光的 6 或 8 米标准进深的基础上，公寓由 40 平方米的单元模块组合而成，面积可以为 40 平方米、60 平方米、80 平方米、120 平方米或 200 平方米，比例将再次取决于地权和需求的结合。公寓采用梁柱体系，墙壁可以根据需求灵活划分空间，这样，小户型公寓可以转变成为大户型公寓，反之亦然。

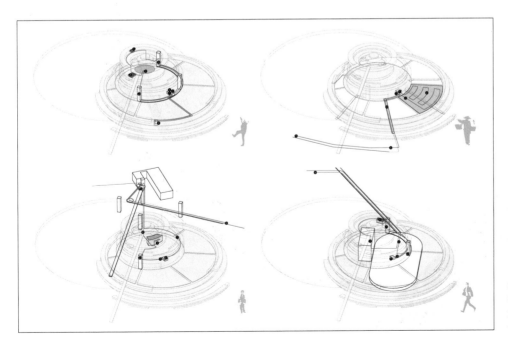

（从左上角顺时针）：光明智能城市生活的一天：林女士——年长者；蒋先生——农民；张先生——工业园区工作者；张小明——青少年

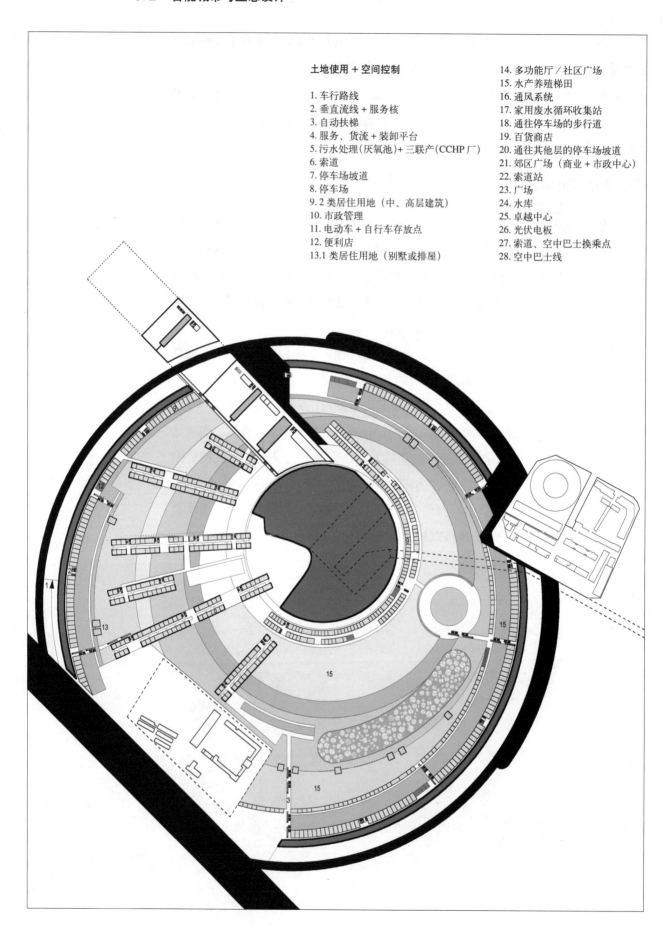

土地使用 + 空间控制

1. 车行路线
2. 垂直流线 + 服务核
3. 自动扶梯
4. 服务、货流 + 装卸平台
5. 污水处理（厌氧池）+ 三联产(CCHP 厂)
6. 索道
7. 停车场坡道
8. 停车场
9. 2 类居住用地（中、高层建筑）
10. 市政管理
11. 电动车 + 自行车存放点
12. 便利店
13. 1 类居住用地（别墅或排屋）

14. 多功能厅／社区广场
15. 水产养殖梯田
16. 通风系统
17. 家用废水循环收集站
18. 通往停车场的步行道
19. 百货商店
20. 通往其他层的停车场坡道
21. 郊区广场（商业 + 市政中心）
22. 索道站
23. 广场
24. 水库
25. 卓越中心
26. 光伏电板
27. 索道、空中巴士换乘点
28. 空中巴士线

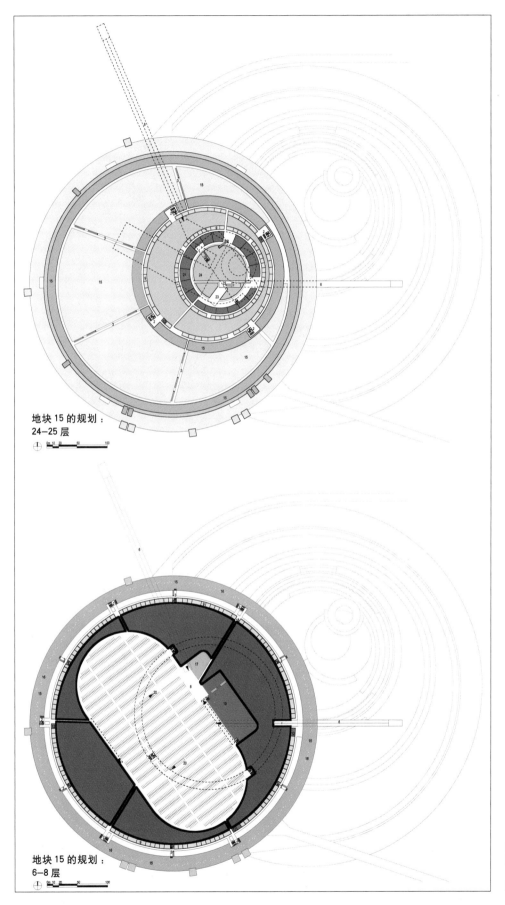

地块 15 的规划：
24—25 层

地块 15 的规划：
6—8 层

对面页、本页上＋下：
郊区塔楼的通用规划

后页：智能城市的乡村生活

表1　主要城市建设用地的经济技术指标

序号 No.	用地性质 Land Use	用地面积(公顷) Area [Ha]	建筑面积(万平米) Floor Area [10 000m²]	建筑密度 Building Density	建筑密度 Plot Ratio	绿化率 Green Ratio	人口容量 Population Carrying Capacity
1	居住用地 Residential Land	277.80	495.80	42.79%	1.78	0.57	189 831
2	商业+服务设施用地 Commercial + Service Facility Land	42.80	276.79	85.42%	6.47	0.15	18 072
3	政府和社团用地 Government + Community Land	66.70	149.72	36.69%	2.24	0.63	N/A
4	绿地 Green Space (incl. beach + agricultural)	296.11	0.00	0.00%	0.00	1.00	N/A
5	其他用地 Miscellaneous (incl. Roads + Transport)	113.69	6.64	5.84%	0.06	0.00	N/A
	合计 Total/ Mean	797.10	928.95	23.40%	1.17	0.77	N/A

表2　地块15的经济技术指标（典型）

地块编号 Block No.	用地性质 Land Use	用地面积(公顷) Area [Ha]	面积(万平米) Floor Area [10 000m²]	建筑密度 Building Density	容积率 Plot Ratio	绿化率 Green Ratio	人口容量 Popuation Carrying
15	居住用地 Residential Land	14.17	31.17	54.74%	2.20	0.45	11 568
	商业+服务设施用地 Commercial + Service Facility Land	1.04	4.33	94.96%	4.17	0.05	N/A
	政府和社团用地 Government + Community Land	0.35	1.93	76.72%	5.52	0.23	N/A
	绿地(包括农业用地) Green Space (incl. Agricultural Land)	1.10	0.00	0.00%	0.00	100.00	N/A
	其他用地 Miscellaneous	0.00	N/A	N/A	N/A	N/A	N/A
	合计 Total	16.66	37.43	54.09%	2.25	0.46	11 568

表3　居住用地的经济技术指标（典型）

类别 Item	编号 No.	名称 Name		单位 Unit	数量 Quantity	百分比 %	平方米/人 m²/Person	备注 Remarks
用地规模 Land-use Scale	1	居住用地 Residential Land		ha	152.15	19.09%	8.06	19.09% 为建筑占地面积与场地面积比、人均建筑面积26.26m² % is residential building footprint area to site area. Floor area per person is 26.26m²
	2	其中 Including	二类居住用地 R2 Land	ha	150.90	18.90%	8.03	
			二类居住用地+商业用地 R2 + C1 (commercial) land	ha	193.70	24.30%	N/A	24.30% 为建筑占地面积与场地面积比、人均建筑面积40.97m² % is R2 + C1 building footprint area to site area. Floor area per person is 40.97m²
	3	居住户数 Number of Households		Households	56 591	N/A	N/A	
	4	平均每户人数 Average no. of Persons per Household		Persons	3.34	N/A	N/A	
	5	居住人口 Resident Population		In 10 000 persons	18.88	N/A	N/A	
	6	居住用地总建筑面积 Total Building Area in the Residential Land		m² (in 10 000)	922.31	N/A	48.84	占居住用地总建筑面积百分比 % figure to total floor area on site
	7	其中 Including	住宅建筑面积 Residential Floor Area	m² (in 10 000)	495.72	53.75%	26.25	
			商住建筑商业面积 Commercial Area in the R2/C1 Complex	m² (in 10 000)	276.79	30.01%	14.66	
			配套公建面积 Public Service Area	m² (in 10 000)	149.72	16.23%	7.93	面积包括教育、医疗、行政设施 Area includes education, health + government admin facilities
	8	平居户居住建筑面积 Average Floor Area/ Household		m²	162.98	N/A	N/A	每户住宅、商业、配套公建面积 Figures for residential, commercial and public service area per household.
	9	人口毛密度 Residential Density		persons/ha	236.90	N/A	N/A	
	10	居住用地总建筑密度 Total Building Density of the Residential Land		%	N/A	44.39%	N/A	居住用地总建筑密度、不包括荔枝园、沙滩、运河+栈道+放牧区域 Figures for building density of all land excluding lychee groves, beach, canal + broadwalk + grazing fields.
	11	居住区容积率 Plot Ratio for the Residential District		N/A	2.28	N/A	N/A	居住用地总建筑密度、不包括荔枝园、沙滩、运河+栈道+放牧区域 Figures for building density of all land excluding lychee groves, beach, canal + broadwalk + grazing fields.

表4　主要公共服务设施规划名录

序号 No.	类别 Category	项目 Item	数量 Quantity 现状 Current Status Reservation	规划增加 Planned Increase	合计 Total	备注 Remarks
1	教育设施 Educational Facility	幼儿园 Kindergarten	5 406	43 855	49 261	现状数据为估算 Existing figures estimated
		小学 Primary	22 084	142 295	164 379	现状数据为估算 Existing figures estimated
		初中 Middle	25 266	85 377	110 643	现状数据为估算 Existing figures estimated
		高中 High	21 516	94 864	116 380	现状数据为估算 Existing figures estimated
		职业训练 Vocational Training	101 286	12 744	114 030	现状数据为估算 Existing figures estimated
2	医疗卫生设施 Medical + Healthcare Facilities	医院 Hospitals	15 560	174 056	189 616	现状数据为估算 Existing figures estimated
		诊所 Clinics	0	28 050	28 050	
3	文娱体育设施 Sports + Recreational Facilities	海滩 Beach	0	693 123	693 123	
		体育馆 Stadium	0	60 295	60 295	现有体育场面积未知 Sports playing fields currently on site, area unknown.
		网球/篮球 Tennis/ Basketball	0	19 320	19 320	现状数据未知 Existing figures unknown
4	行政管理与社区服务设施 Admin + Community Service Facilities	市政厅 City Hall	0	24 903	24 903	
		地方行政单位 Local Municipal Admin	31 536	540 965	572 501	包括警察局、消防和邮政设施 Figures include police, fire + postal services.
5	对外交通设施 Intercity Transport Facilities	火车站 Railway Station	0	26 659	26 659	
		巴士站(包括长程) Bus Station (incl. long distance)	30 202	35 202	65 404	
6	道路交通设施 Urban Traffic Facilities	塔楼/环山进入道路 Residential Access Roads	0	131 956	131 956	现有进山道路未纳入计算 Existing access roads uncalculated
		步道 Boardwalk	0	868 342	868 342	
		轻轨车站 Light Rail (MTR) Stations	0	8 325	8 325	数据仅包括地上入口 Figures for above ground entrances only

实施建议和措施

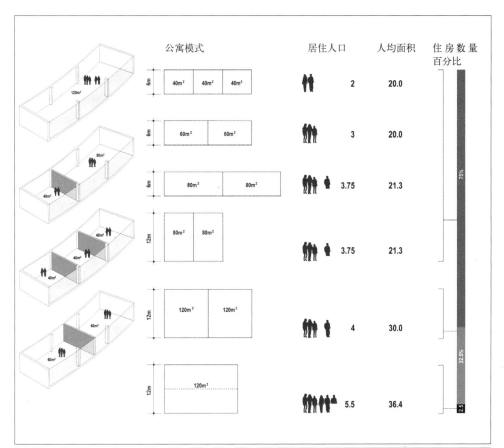

住房模式

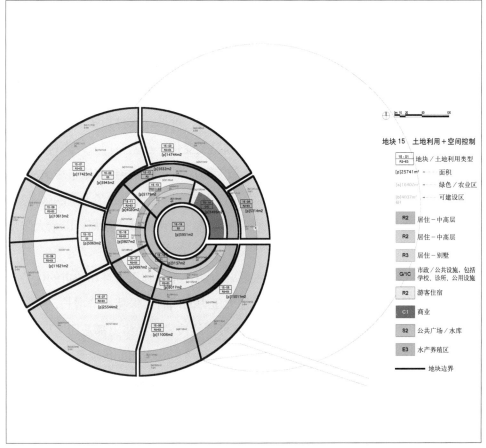

土地使用和空间控制

智能城市的环境可持续性

在新型高密度城市环境中，200万人对于环境造成的影响往往是非常巨大的。当集成建筑、景观、服务业、农业和市政系统的整体方法得以采纳时，废物和污水处理、能源消耗和交通运输问题的传统处理方法既不恰当也不可取。

在西方工业化国家，建筑物内的照明和供热制冷系统对超过一半的温室气体（GHG）排放负有责任。这些国家的许多城市是在一个所谓资源无限的时代设计和建造的，但即使我们已经意识到，资源严重枯竭且我们的行为对这个星球已经造成了极深的不利影响，改变仍然是迟缓的。我们依旧普遍采用的是"管末处理"（end of pipe）这种无效的解决方案——建筑设计和建造水准较低，而通过风力涡轮机、太阳能热能暖气或太阳能电池板等绿色技术的使用来抵消或忽略温室气体排放。这种方法不能从长远角度解决环境可持续性问题，能源产量和性能标准往往不能满足要求。具有讽刺意味的是，拒绝采用一些不同且通常技术含量不高的施工方法使得工业化国家不得不依赖新兴科学，对于变化的恐惧导致人们宁愿迷信全然陌生的解决方案。

据计算，地球拥有约113亿公顷具备生产力的陆地和海洋空间和61亿人口，如果平均分配且忽略其他物种的话，相当于每人1.85公顷。这个数字已经被用来计算不同国家的"生态足迹"，美国公民人均使用9公顷以上的土地用以维持他们的生活方式，这意味着，如果这种生活方式被视为衡量基准，那么需要五个星球来支撑世界人口。根据《世界自然基金会地球生命力报告》，2004年，平均每个中国公民使用1全球公顷（global hectare），到2008年，由于从农村景观到城市景观的快速转变，这个数字增加到2.1公顷。可见，农村和城市的生态足迹之间的关系并不能一概而论，而是根据地域发生变化。在富裕国家，农村居民实际上是城市化的生活方式，并且随着距离增大而加剧能耗，导致与城市居民相比，农村人均排放量反而更高。此外，现代农业行为和森林砍伐造成了大量的碳排放，然而，通过共享公共交通和高效的空间采暖系统，紧凑型城市布局可以最大限度减少能耗。

光明智能城市的城市框架采取一种混合方法，充分利用农村和城市的优势帮助中国在不对世界各地的自然资源造成过大压力的同时，保持经济增长，增加人民福利。智能城市的尺度意味着几乎所有可持续技术在经济上都是切实可行的，故而允许设计过程更聚焦于各种技术在社会和环境影响方面的优缺点。同样，整合的机会几乎前所未有，正如卡伦堡（Kalundborg）工业共生关系所阐释的那样，废弃物成为了一种潜在的资源。

除了重新利用基地内的传统废弃物作为发电原料和肥料，光明智能城市还

农民－新型生态战士

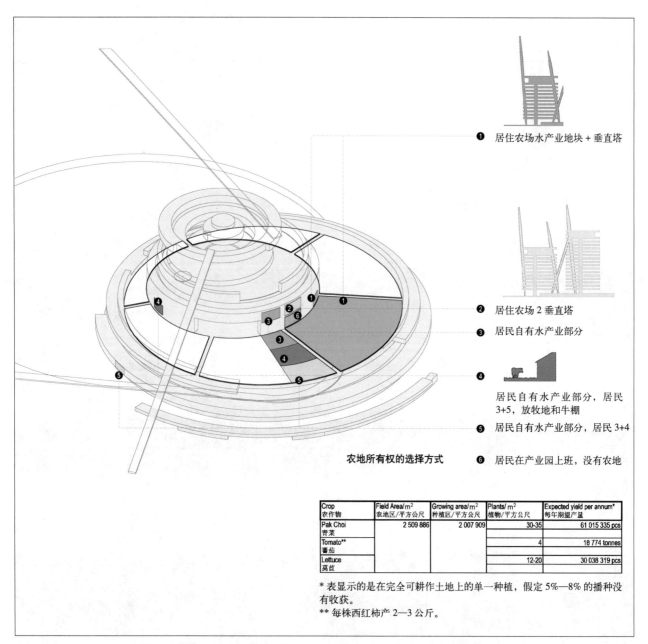

① 居住农场水产业地块 + 垂直塔

② 居住农场 2 垂直塔

③ 居民自有水产业部分

④ 居民自有水产业部分，居民 3+5，放牧地和牛棚

⑤ 居民自有水产业部分，居民 3+4

农地所有权的选择方式

⑥ 居民在产业园上班，没有农地

Crop 农作物	Field Area/m² 农地区/平方公尺	Growing area/m² 种植区/平方公尺	Plants/m² 植物/平方公尺	Expected yield per annum* 每年期望产量
Pak Choi 青菜	2 509 886	2 007 909	30-35	61 015 335 pcs
Tomato** 蕃茄			4	18 774 tonnes
Lettuce 莴苣			12-20	30 038 319 pcs

* 表显示的是在完全可耕作土地上的单一种植，假定 5%—8% 的播种没有收获。

** 每株西红柿产 2—3 公斤。

农地所有权的选择方式，预计的农作物产量

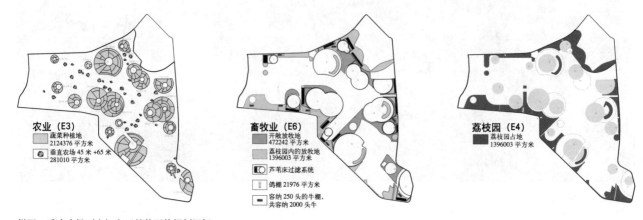

梯田 + 垂直农场（左）和开敞牧区的规划图解

接纳邻近地区的废物流，显示出对邻近地区的积极影响，充分展示出智能城市如何破除西方发展模式的传统缺陷。对比圣莫尼卡的生态足迹（2914平方英里）是其用地（8.3平方英里）的350倍的境况，光明智能城市将成为"三废"的净输入者和能源的净输出者，同时促进旅游、教育和食品生产，使得更广泛的地区受益。

有机食品生产

大多数城市中，屋顶只有一个功能——遮风避雨，往往只是平淡无奇的表面。在"天生我才必有用"哲学的指引下，光明智能城市的每一寸土地都得到了充分挖掘。以水培膜为例，使用该技术能够种植大量农作物。在种植层之下，碎石基层用于净化家庭用水。由此，城市不仅将遮蔽、水净化和农作物种植这三种功能整合到相同的空间，同时还提高保温隔热性能并滞留表面水分。

水培系统使用蛭石或矿物棉等吸水介质替代土壤，是通过介质使植物根系吸收生长发育所必需的营养元素的一种解决方案。就作物间距和接受日照而言，水耕法是最高效的栽培方法之一，并且在农作物的培养过程中能使用较少的能源提供更多的营养物质。此外，使用水耕法栽培的农作物保鲜期更持久，因为在采摘时保护了根系；水耕法也无须进行土壤处理、灭菌和土传病害的防治。

保守估计，光明智能城市可利用的屋顶空间能够生产的农产品数量惊人。基地内面积为450公顷、以复种方式种植的土地每年能够产出1.88万吨西红柿或6100万棵小白菜。

立体菜园农场、实验室和立体花园散布在整个中心城市。每个垂直农场均配备了有助于项目研究的设施，形成了重要的农艺和营养科学中心。每座塔楼都是由一系列从圆柱形中心脊柱向外突出的、逐渐增大的圆形托盘构建而成。托盘成对配置，并安装有中心起重机架；错列布置，以最大限度提高光合反应。每座塔楼顶部的农耕实验室都非常重视濒危作物品种的保护研究。

牲畜养殖与蔬菜、水果、鲜花一样，均是都市农业计划的一部分。塔楼组合之间的小块土地可以用来放牧。

每个郊区都有由城市公用事业管理组织运营的农产品商店，店内农产品销售价格由农民自己确定。未能售出的蔬菜将在厌氧消化过程中分解，产生的甲烷用于发电。该系统将达到一个自然平衡状态，因为商店不能对农民施加压力，迫使其降低利润出售农作物，相反如果价格定得过高，产品则被回收利用。经销店将作为枢纽，与社区内的每一位居民建立联系。正是通过这种地方尺度的相互联系，才可以促进可持续城市规划的有效实施。

废物处理

　　传统的污水处理非常耗能，例如英国每日消耗 65000×10^9 焦耳。在光明城，废物通过与自然低能耗过程的结合尽可能得到了有效处理，并产生城市供电所需的甲烷和用于城市农场与花园的肥料。

　　污水处理的传统方法是同时处理所有废水，包括大量沐浴和洗衣等比较干净的灰水。此外，洁厕用水通常也经过彻底处理后的达到饮用水标准。其造成的后果是下水道内污物被稀释，增加了去除和操作过程的难度。在智能城市中，黑水被分开处理，使得城市的排水系统能够产生而不是消耗能量。灰水将通过屋顶农场的砾石床水耕系统（GBH）净化，急剧减少了需要彻底处理的污水量。经屋顶农场处理过的水可以直接排入当地河道，或者是进一步处理和回收，直至达到饮用水标准。

　　厨房水槽将安装废物浸渍机，使有机废物与卫生间的下水道连接。黑水通过过滤设备分离成液体和固体。前者继续流至天然芦苇床或进一步流至 GBH 系统得到净化，后者输送到厌氧消化池进行自然分解，产生的甲烷用于发电；沼渣在巴氏杀菌后用作肥料；纤维块可施入土壤以提高其滞水能力，或用作电力燃料。

室内气候调节

　　空调通常被视为该区域的必需品，但智能城市的景观及其他基础设施采用自然低能源设计，颠覆了这种传统。计算结果表明，居住建筑空间不需要机械制冷系统，商业建筑只需要惯常需求量的 50%。这种效果依赖以下方法：夏季太阳直射的减少，外墙使用储热性能高的建筑材料，在塔楼的基础部分安装迷宫式的冷却系统以转移跨季节热能。地下空气全年恒定温度为 22℃。在炎热的夏季，迷宫墙作为吸热装置冷却空气；寒冷的冬季，迷宫墙作为散热装置加热空气。为了减少建材耗能，用挖掘出来的岩石而非混凝土来建造迷宫。碎石之间的间隙创建了一个复杂的路径以增加热交换的接触期。通过这种方式，从功能上复制了一个传统的混凝土迷宫。

　　尽管智能城市是一个无车区，但也为需要驾私家车去光明中心以外的居民提供了地下停车场。停车场利用塔楼顶部的"太阳能烟囱"通风，烟囱内的空气被阳光加热后上升，将外部新鲜空气吸入停车场。同时相变材料（PCM）可以用来有效的存储多余的热量，因此该系统可以在夜晚继续运行。迷宫冷却系统以同样的方式利用地下恒温冷却空气，通过停车场的空气在与地下冷却墙交换热量后被冷却。这种冷空气不适于通风，但可用于地下购物中心的外表面循环，以减轻冷荷载。

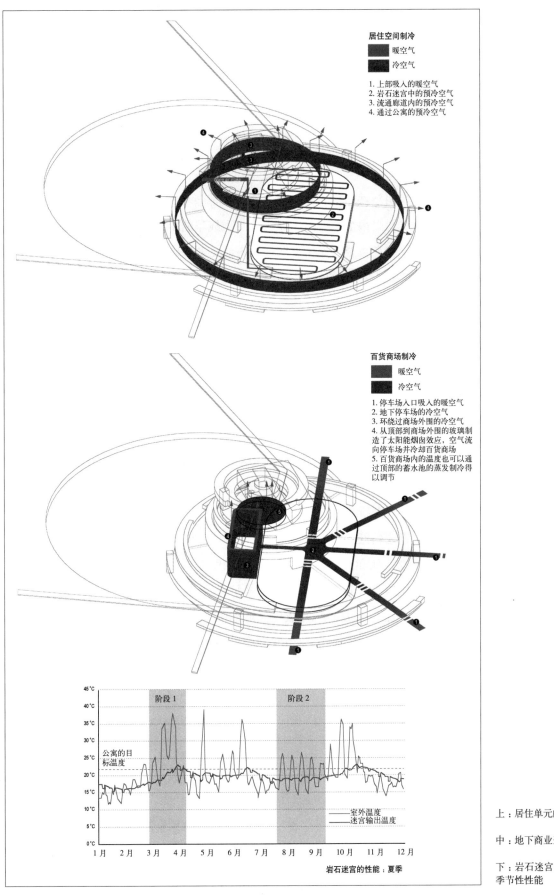

居住空间制冷
- 暖空气
- 冷空气

1. 上部吸入的暖空气
2. 岩石迷宫中的预冷空气
3. 流通廊道内的预冷空气
4. 通过公寓的预冷空气

百货商场制冷
- 暖空气
- 冷空气

1. 停车场入口吸入的暖空气
2. 地下停车场的冷空气
3. 环绕过商场外围的冷空气
4. 从顶部到商场外围的玻璃制造了太阳能烟囱效应，空气流向停车场并冷却百货商场
5. 百货商场内的温度也可以通过顶部的蓄水池的蒸发制冷得以调节

阶段 1　阶段 2

公寓的目标温度

室外温度
迷宫输出温度

岩石迷宫的性能：夏季

上：居住单元的制冷战略

中：地下商业开发的制冷战略

下：岩石迷宫式制冷系统——
季节性能

低耗能置换制冷适用于所有较大的城市内部空间。在近地面的墙壁或地板安装了低于理想室温 3℃ 左右的散流器，在地板上形成一个冷空气层，从而提供新鲜空气。当再次接触热源后，空气变暖并通过自然浮力上升，然后被收集在位于屋顶的储气缸内，使得所经区域的空气清洁凉爽。储存不新鲜空气的气缸的深度由精心布置的高位抽取器所控制。

能源需求与生产

在选择光明新城使用的每一项策略时，都会考虑到能源需求的减少、资源的有效利用以及人类福祉的提高。通常，一项战略的优点是多方面的，能在多个领域获得收益。这意味着，无论采取何种方法，新城的能源需求都尽可能降到了最低，需要生产的能源也就越少。假设使用周边地区开发的标准，对于这种规模城市的开发，使用标准施工方法以满足现代生活标准需要消耗 321750 百万瓦时 / 年，而光明城的需求估计为 127110 百万瓦时 / 年，同时还实现了现代生活的最高标准。

为了充分挖掘降低能源需求最为有效的方法，智能城市的能源供应战略还遵循经济性、实用性、协同作用和反浪费等重要原则。

厌氧消化的使用在整个中国已经取得了巨大成功，产生的沼气相当于每年 280 万吨煤，满足整个国家近 14% 的能源需求。光明城的贡献值将取决于废物流是如何利用的。如果仅限于利用人类和家畜的有机废物，其产生的甲烷可以满足城市一半左右的能源供应；如果加上农场、商店和餐馆的有机废物，该市将成为能源输出者，产生新的收入来源。

智能城市还将建设废物能源工厂（WtE），焚化炉将利用高效炉燃烧不可回收的固体废物，从而产生蒸汽或电力。现代空气污染控制系统将被安装，对排放物进行持续监测。这项举措的目的是扩大经营规模，从光明周边地区吸纳更多的废弃物，提高电力生产并减少区域内的垃圾堆积。发电过程中通常流失到大气中的余热将被充分利用，为城市提供"免费"的热水，或被导入吸收式制冷机来提供额外的冷量。

中国已经是光伏电池板的主要供应者，预计在未来 10 年内，国内外对光伏电池板的需求会大幅增加。结合河边的木板路安装光伏电池板，既可以提供阴凉又可以提高智能城市的电力产量。光明城的规模之大，足以支撑建设一家完整的光伏电池板工厂，这样既有利于地方和国家经济，又可以降低单位成本。光明城的光伏电池板工厂代表着一项有保证的投资，提前可以确定光伏电池板的大额订单，使制造商从"启动"和"增长"阶段直接跨越到全规模生产，进一步确立中国作为世界光伏电池板生产领先者的地位。

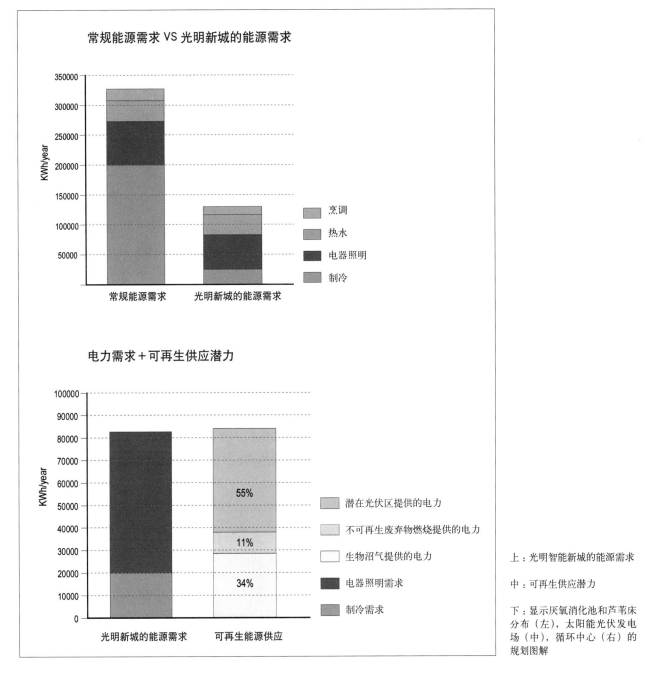

上：光明智能新城的能源需求

中：可再生供应潜力

下：显示厌氧消化池和芦苇床分布（左），太阳能光伏发电场（中），循环中心（右）的规划图解

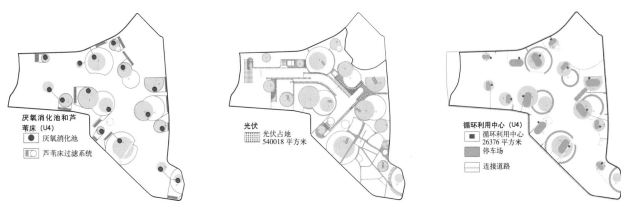

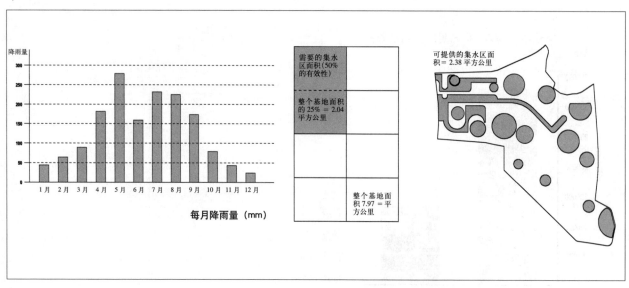

水文学——雨水集水区

水文

　　多变的山谷地形利于大面积水体的形成，从而产生更多的用途。与现有的地表汇水网结合，位于基地东面、最终汇入茅洲河的自然支流被塑造成为了中央运河。塔楼组合的构型有助于叠瀑的形成，水流顺着圆形的水产养殖梯田拾阶而下。

　　水体将作为交通、农业和娱乐活动的媒介，各种用途相辅相成。它们为地区发展提供水储备，并与每座塔楼顶部的蓄水池相连。毗邻运河的蓄水池除了直接收集雨水，还收集地表径流和来自山上的排水，增加了集水区面积。深圳每年的降雨大约有1575毫米，高峰期为5月至9月，10月到次年3月雨量相对较少，因此干旱时节有必要进行水储备，尽管污水回收将减轻用水短缺的局面。

交通

　　光明智能城市被设计为无车城市，并确保在当地范围内能够满足每一位居民的居住、游憩、学习和工作在当地需求，但如果有需求时，居民仍然可以便捷地到达区域内的其他地方。交通设施为多元密集型社区奠定基础，创造出一个鼓励公共空间使用的环境。在一个人性化的环境内，散步和骑自行车将被给予最高的优先权，并逐步使社区发展成为一个重视人类交往的人性化的城市社区。

　　对于高效的基础设施设计而言，具有明确清晰的结构层次的公共交通系统是至关重要的，保证与私人交通方式的完美接驳。光明新城尤须如此，公共交通系统必须处理好垂直以及水平两个方向的交通。

　　智能城市的居民在区域层面可以享受小汽车、铁路和巴士的服务。基地西侧的龙大高速是光明新城与外界连接的主要区域道路。高速公路采用高架形式使得城市边界得以延伸到茅洲河畔，这种做法既去除了与公明村及其产业集群之间的交通障碍，又形成一个引人注目的门户，并提供深圳市绿色港湾的高空全景。门户空间纳入了光明中央火车站，为外地游客到访和交通转乘提供方便。在建筑物的底部也很容易找到地铁以及电动车和自行车租用站。为了使光明成为先锋城市和旅游中心，并创造一个有吸引力的、切实可行的通勤居住区，规划建议在香港、罗湖和广州与光明智能城市之间建设一条新的铁路网络。浓密的荔枝树丛将削弱从高速列车传来的噪声。

　　三个轨道交通站均位于战略地理位置，分别服务于城际快线（连接深圳、石岩、光明、黄江、松山湖和莞城），市内快线（连接深圳、龙华、石岩、光明和公明），地区线（连接汕井和光明），并与位于中央火车站门户地区的居住及商业增长中心、城镇东西轴另一端的市政厅广场和旧城区整合为一体。

　　位于老城区东部的光明中央巴士站主要提供长距离城际客运服务，包括到18公里外的深圳宝安国际机场的班车服务。规划建议开通三条新的本地巴士路线覆盖整个基地，利用拟建隧道与宝安区建立联系。

　　在地区尺度上，光明中心将提供三条站距约 2 公里的轻轨（MTR）以连接到更广泛的区域系统。一种名为空中巴士的缆车服务将提供连接塔楼组合及其卓越中心的快速交通，这种巴士在降低日常使用成本的同时，也可具有游憩功能。高架路网有利于充分欣赏智能城市的混合景观和屋顶的消遣活动。

　　连接城市沙滩与运河的木板路四通八达，允许作为公共资源的电动车和自行车穿过，这类似于在里昂、哥本哈根、巴塞罗那取得了成功的自行车租赁服务体系（PSS）。在交通节点和每座塔楼社区的底部，都设置了具有升降系统的电动车和自行车存储塔。另外，木板路也可用于应急机动车道。

　　规划规定，商业枢纽和区间交通枢纽距离住区不能超过 400 米。最大的下沉式社区直径为 800 米，因此，步行和骑自行车即可满足区内的交通需求。每座塔楼社区的缆车可直接从底部的站点驶向山顶的公共储水区和郊区广场。自动扶梯围绕环路呈辐射式分布，成为塔楼社区内提供垂直交通的辅助手段。

建设分期

　　光明城将在 13 年间建成。预计分为四大建设阶段，其中每一建设阶段完成后都将是稳定的发展阶段。

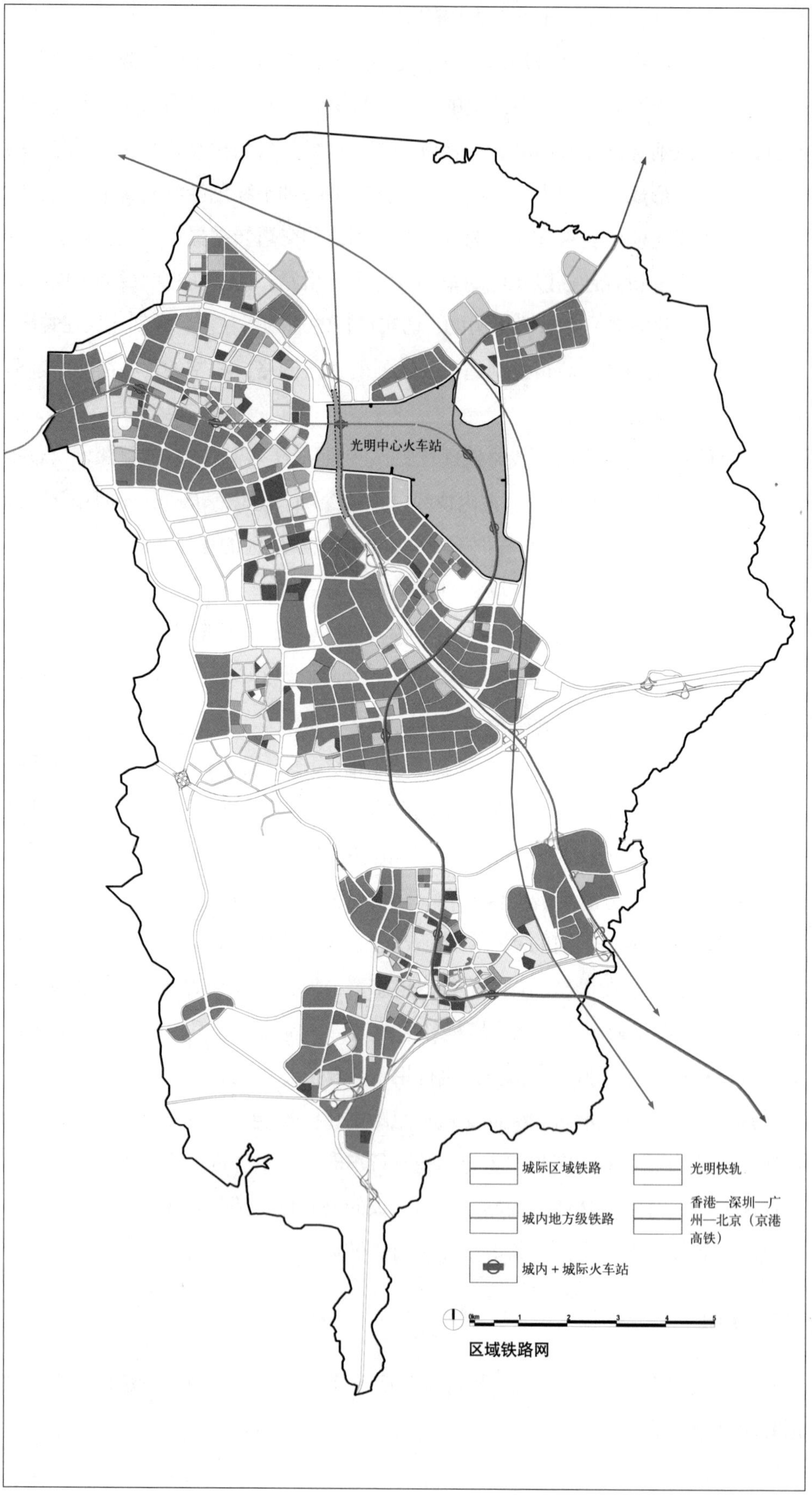

光明中心火车站

	城际区域铁路		光明快轨
	城内地方级铁路		香港—深圳—广州—北京（京港高铁）
🚉	城内＋城际火车站		

区域铁路网

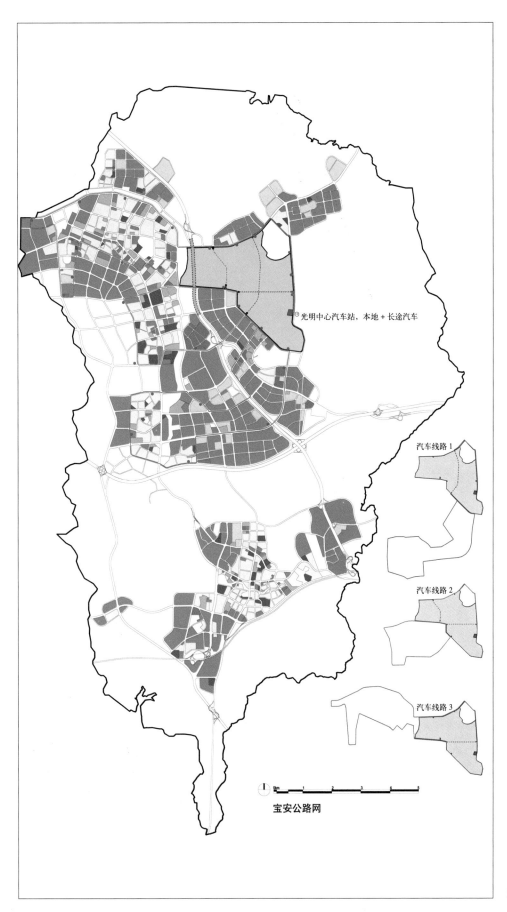

光明中心汽车站，本地＋长途汽车

汽车线路 1

汽车线路 2

汽车线路 3

宝安公路网

宝安公路网

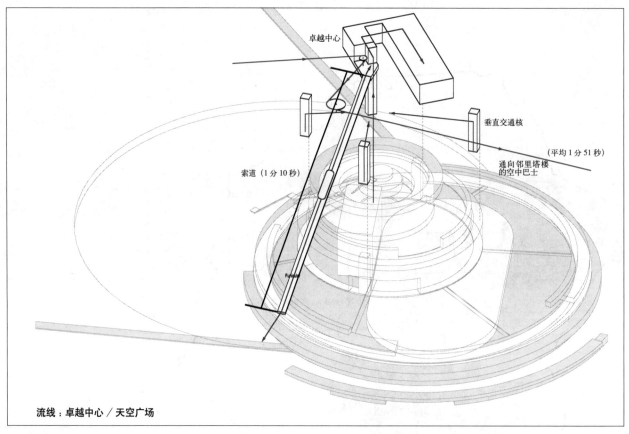

流线：卓越中心／天空广场

流线图解

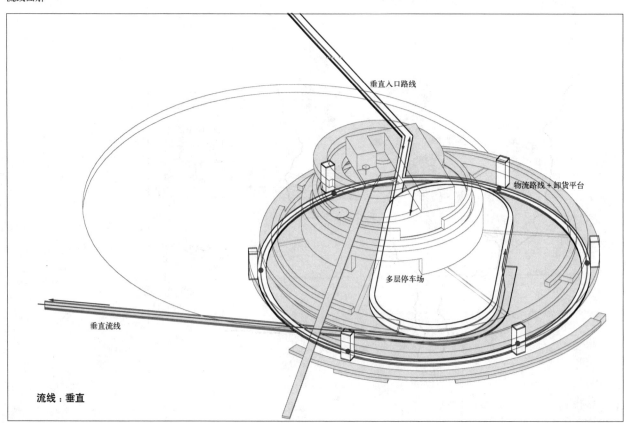

流线：垂直

流线图解

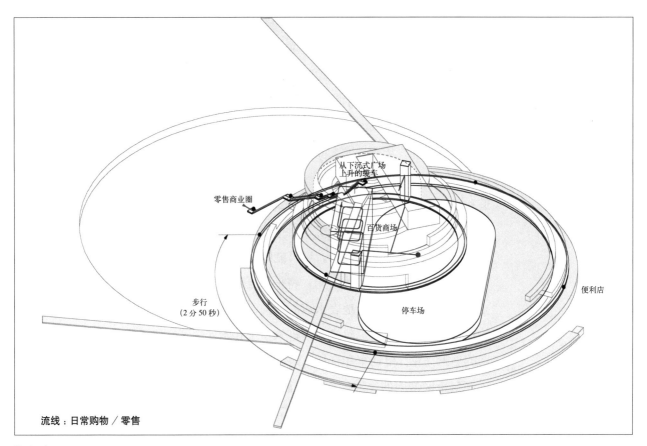

流线：日常购物／零售

流线图解

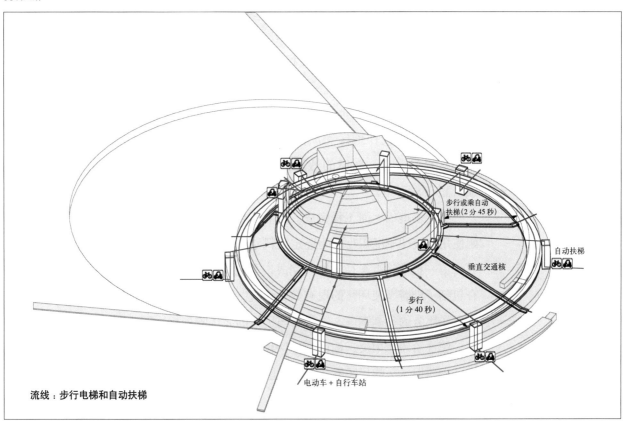

流线：步行电梯和自动扶梯

流线图解

第1阶段：围绕光明旧城区、市政厅广场和中央火车站建设三个增长中心。第一个4年后，完成重大基础设施和第一座塔楼社区的建设。保留现有民居，将未建设区域上的原有农业土地的损失降至最低。中央火车站和巴士站、市政厅和各自的商业中心与新的消防、警察和邮政设施同步开发。现有的学校和医院将能暂时容纳增加的需求。

详细规划一年后，龙大高架高速公路和滨江的中央火车站共同启动。在地下使用"随挖随填法"技术建造城市轻轨。从现有的环路到市政厅区域的建设施工道和三个主要地下隧道，开通连接公明村和高科技工业园的新巴士路线。

使用固定的采矿开挖系统，对市政厅周围的两个下沉式社区和三个塔楼以及新中央汽车站进行挖填作业。尽可能保持相邻用地的土方平衡。

在建设初期布设光伏结构，将来必要时进行重新安置，为施工提供能源并补充国家电网。重新设计地表水道的流向，为运河的中央部分、平衡槽和沿岸设置的储水装置提供补给。建成主要排水系统和水处理区。给水管道和山顶水库根据新的地形兴建。电动车和自行车路线以及停车设施将投入使用。

每个区域内的交通联系最初都由地方支路构成，支路使用柔性路面，塔楼各层之间用对角斜坡相连。每个环形部分建成后将安装自动扶梯。一旦山顶市民广场建成后，连接市政厅增长中心与光明中央火车站，以及最南端的塔楼社区之间的两条空中巴士将很快开通。新镇的填充区将与地盘改良合并实施；部分发展用地将出让给各开发商，引入变化、特点和地方识别性。各类建筑和公共场地将被安置在由浅基础支撑的、或通过简支钢筋混凝土拱顶地下室抬升的新的地面标高之上。

第2阶段：公明村与罗村的居民腾退，迁至可容纳3万人口的1阶段新建成住房。市政厅地区和滨江地区之间的社区建造完成，由另一条天空巴士线为其提供服务。新镇的沙滩区建成，周边遍植荔枝。一期原有医院的扩展项目正在施工中。

整个基地的运河工程完成。随着智能城市水处理和存储设备的安装完工，开始使用河流冲刷沉积物作为选定填料建造沙滩。进一步开挖塔楼组团的地基。

第一批塔楼组合径向展开完成，本地的步行路促使居民搬迁。小型的塔楼组合包括了沿着高架环路的现有简易建筑。随着密度达到预期要求，开始建造为垂直农场服务的预制钢塔。这些将与远处的光伏阵列相协调。

第3阶段：中央运河以南地区建设完成。内部交通网（木板路）和休闲区建成。光明旧城区的居民乔迁新居。医院扩建二期完成。

　　远距离给排水管网安装完成后，将整个基地推向城市发展进程。随着缆车网络的扩展，建设也延伸至更远处的地块。连接着市政厅与滨河区的城市区域形成。并且，这一地区的住房、农业、垂直农场和光伏阵列得到充分发展。

　　第4阶段：光明旧城区内和周边社区发展的最后实施阶段。密集建设所有社区；全面部署可再生资源系统；装修和扩大现有的医疗和急救服务大楼，以服务日益增加的人口；完成地面上建筑施工，老城区内及其周围地块的新开发完成。所有城市区域的分片开发完成。垂直农场的分布和能源修正达到最佳水平。

本页：塔楼社区的建设阶段

后页左栏：智能城市的建设阶段

后页右栏：郊区塔楼组合与下沉广场鸟瞰（上）

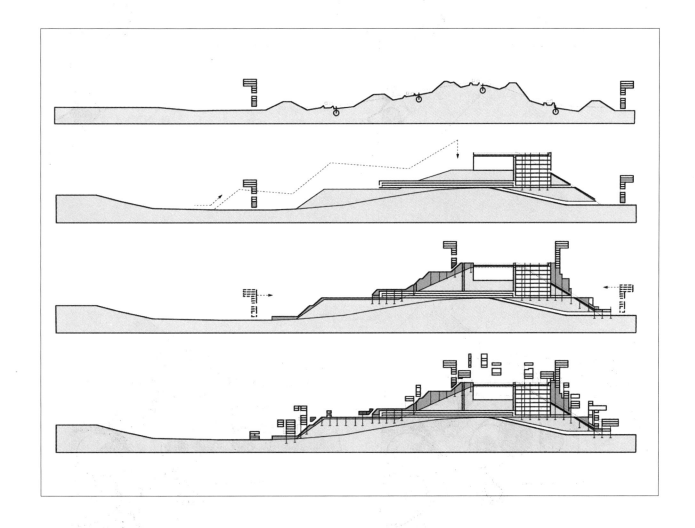

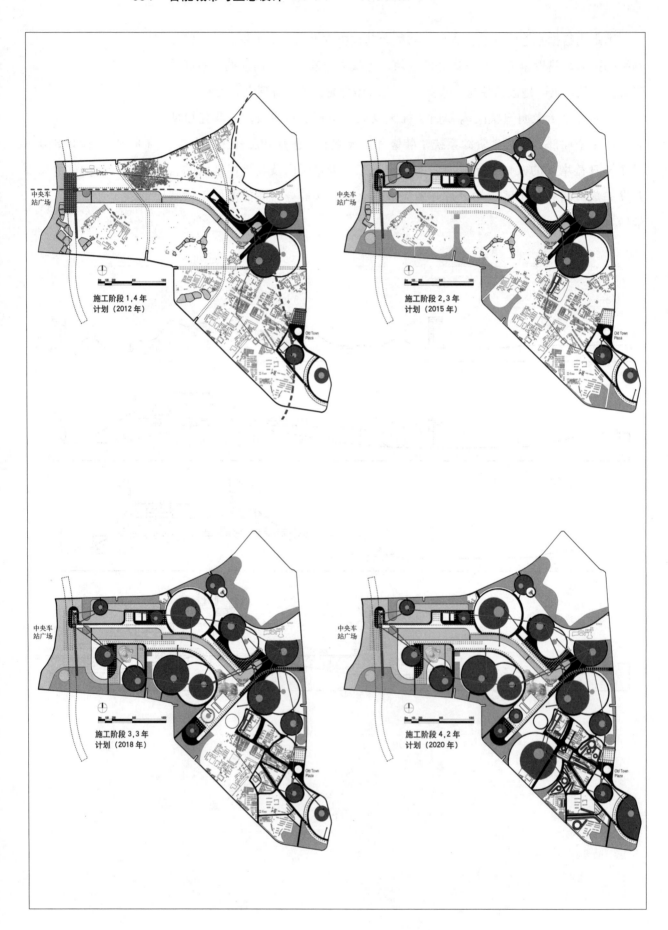

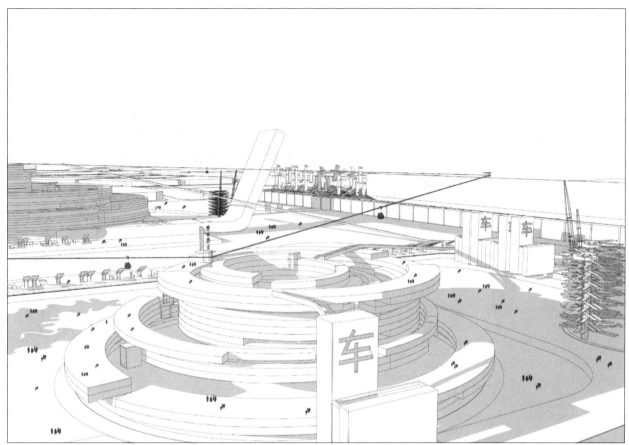

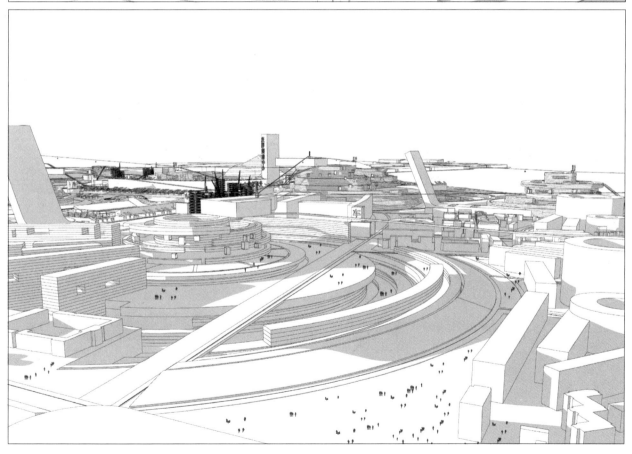

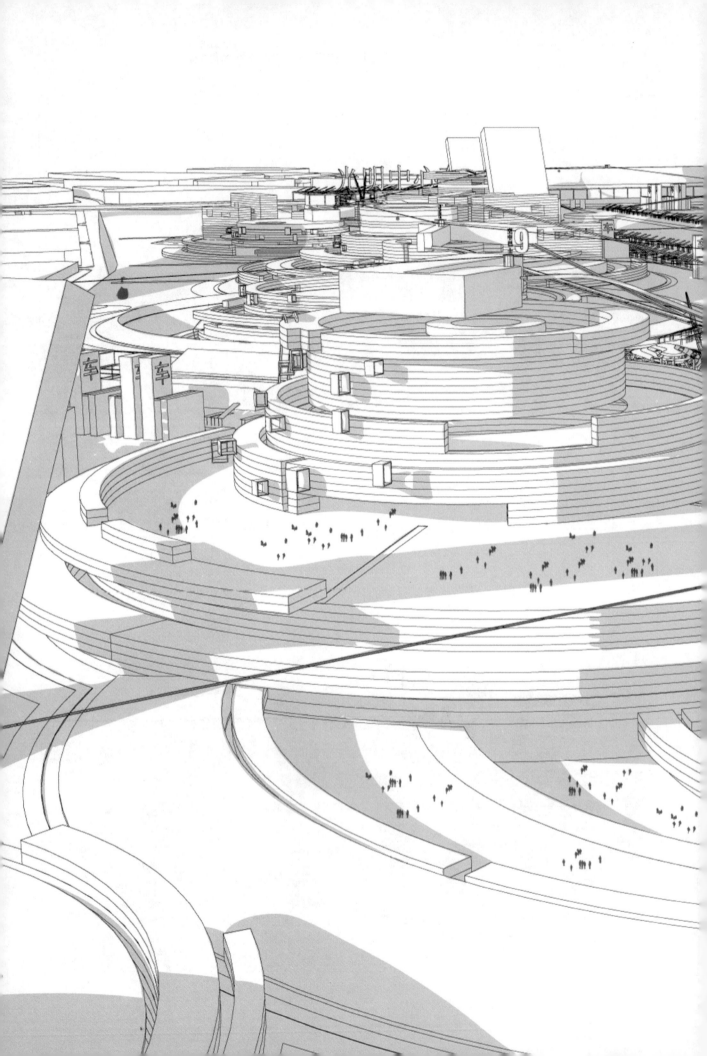

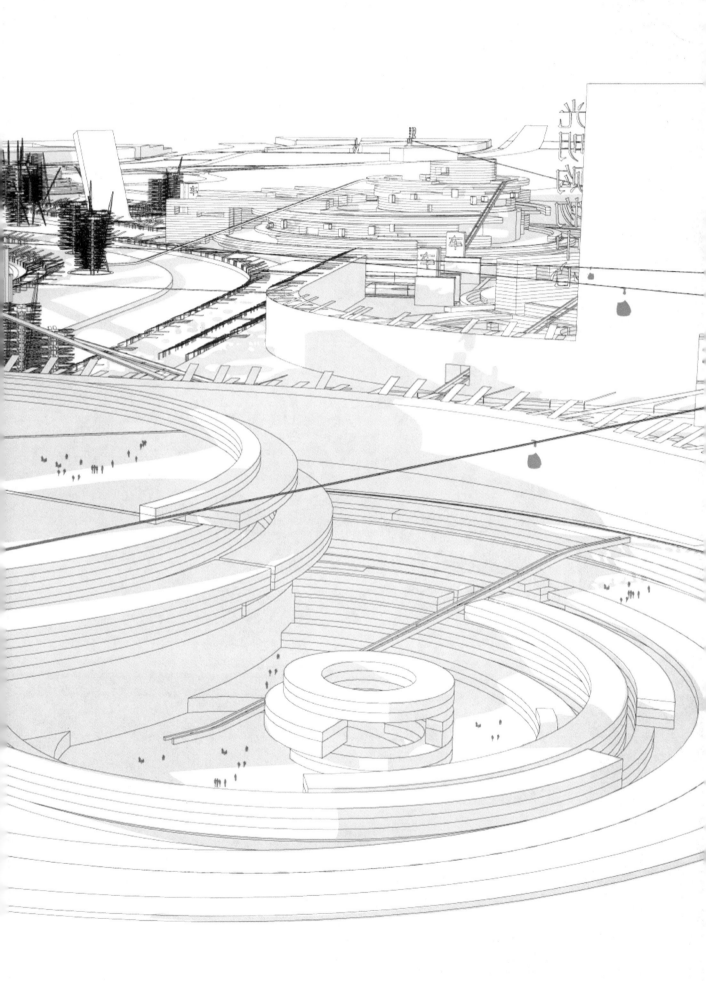

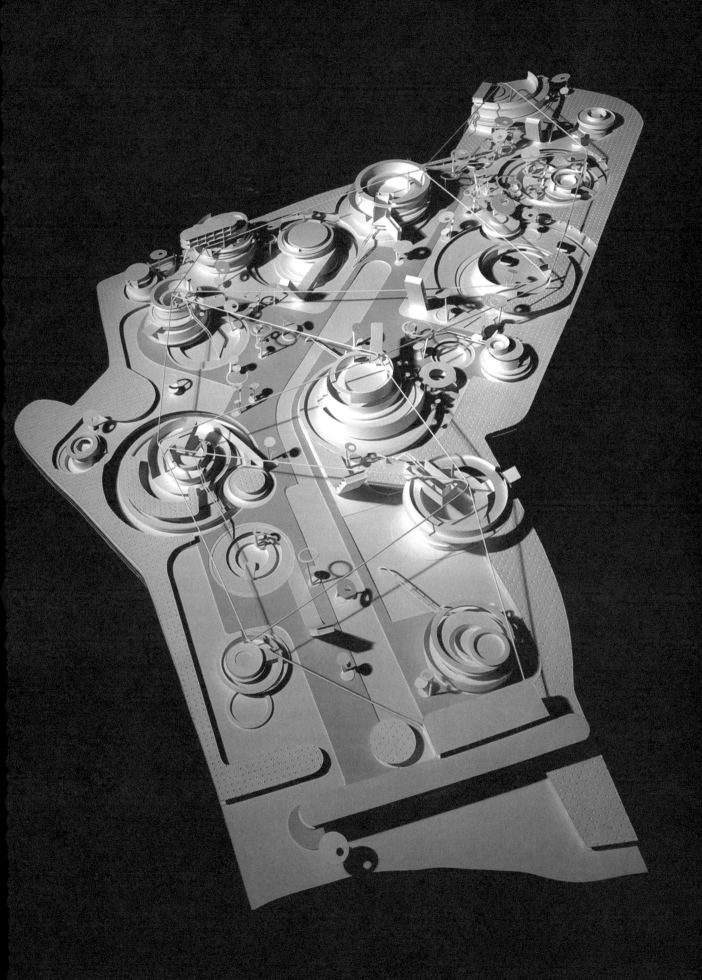

agritourism 休闲观光农业：为达到休闲、教育或积极参与等目的而参观农业或园艺企业的行为。休闲观光农业为农村社区提供了一种替代性的收入，为广大民众提供了了解食品生产的视角。

agroforestry 农林业：草本的农作物与乔木和灌木相结合，以维持和提高生产力的土地使用制度。树木从深层土壤吸收水和养分，并起到调节温度和护根作用，而草本植物可以防止水土流失和杂草繁衍。

amoeba 变形棚架：一种自由形式的、网格式的环境棚架，通常位于间隙式的城市空间，可以为社区活动提供阴凉，也为纳入光伏电池和植被提供了结构框架。

anaerobic digestion 厌氧消化：在无氧环境中利用微生物将可生物降解材料分解成沼气和营养丰富的沼渣的过程。该方法广泛用于有机废水的处理，产生的沼气作为一种可再生能源燃料，巴氏杀菌后的沼渣可作为肥料使用。厌氧消化的第三类产物纤维块，经过巴氏杀菌后即可用于改善土壤的结构和保水能力，又可焚烧后发电。

appropriate technology 适当的技术：充分考虑到环境、社会和文化因素，并在其所使用的社区内是一种可持续的技术解决方案。该术语通常指发展中国家的基于手工操作的方法，或工业化国家的社会和环境敏感性技术。

aquifer thermal energy storage（ATES）地下蓄水层热能储存（ATES）：一种低温地热能源储存系统，在含水层中使用开放环路，存储季节性热能和冷能，当空间需要加热和冷却时，释放出存储的季节性热能和冷能。ATES 使用大量水作为热存储介质，不过这水是可以不断重复利用的。

artificial photosynthesis 人工光合作用：是模拟自然界的光合作用过程，将二氧化碳和光子能量以最小的能源消耗转换成碳基燃料分子的过程。尽管该技术尚处于起步阶段，但是利用太阳能将燃料燃烧所释放的二氧化碳转换成可用能量，将建立一个封闭的可持续燃料循环过程。

assimitative capacity 吸收能力：通常指水生环境中吸收废物或有毒物质，并转换成无害或可利用物质的能力。

biochar 生物炭：动物、废物或植物残体生物质在低氧环境下，通过高温裂解，所形成的木炭。

biofuel 生物燃料：与化石燃料相比，生物燃料是由可再生的有机资源，如植物等形成的燃料。最常见的形式是生物乙醇和生物柴油，它们均可作为添加剂或直接作为运输燃料。矛盾的是，生物燃料产业非常耗能，将农田划拨为生物燃料的生长地已导致粮食价格显著的上涨以及自然栖息地的破坏。然而，农业废弃物可作为原料使用，快速增长的作物如柳枝和棕榈会尽可能减少对粮食生产的影响；并且，利用新的纤维素生物质转化技术可以减少能源消耗。

biogeochemical cycles 生物地球化学循环：涉及生物、地质和化学过程的大气层、水圈、生物圈和岩石圈的自然循环。人类活动可以从水体中提取或放置某些物质，扰乱生物地球化学循环，特别是通过碳氢化合物的开采和燃烧的碳循环。

biomass 生物质：来自植物残体、植被或农业废弃物的一种可再生能源，使用于热能或电力生产。化石燃料由于长期建立的碳循环分离，不被认为是生物质。生物质农作物往往比耕地作物吸收更多的碳，但与化石燃料同样，在燃烧时排放温室气体。

bioregionalism 生物区开发论：基于生态地理和文化联系，而不是政治或经济界限的社会和环境政策。[20 世纪 70 年代初，彼得·伯格（Peter Berg）提出]

blackwater 黑水：含有人类、动物的废弃物或食物残渣的废水。将黑水与灰水分离是将营养丰富的固体废物变成肥料或燃料的有效过程，也是废水再利用的有效处理方法。

boardwalk 木板路：智能城市主要互连的运输途径，类似于沿海滩和湿地的木材人行道。虽然常沿着城市沙滩铺设，木板路仍然结合了具有城市功能的传统木板路的休闲品质。木板路可用于步行、或自行车和电动车行驶，在关键节点扩展到公共广场和交通枢纽，也能够作为应急交通路线。

boreholethermal energy storage (BTES) 钻孔热能储存（BTES）：地下热能存储系统，采用闭环钻孔存储夏季收集的太阳能，并在冬季释放热能。钻孔里填充了高导热的灌浆材料，以确保与周围的土壤具有良好的热接触。

carbon capture + storage (CCS) 碳捕获 + 存储（CCS）：一种温室气体的处理方法，捕获工业生产排放的二氧化碳，将其注入地层深处或大海进行永久存储。二氧化碳的脱水、压缩和运输非常耗能，存储依赖地壳的空余空间的可用性，但有潜在的泄漏问题。存储的替代方法包括使用二氧化碳养殖藻类，以供应生物燃料和人工光合作用。

carbon offset deals 碳抵消交易：通过温室气体排放的运输或电力使用的补偿资金资助可再生能源技术使用，是减少温室气体排放的一种交易机制。一个碳抵消或信贷相当于一吨的温室气体。

carbonsequestration 碳封存：通过生化或物理过程捕获大气中的碳并安全存储的方式。封存包括生物质吸收碳，如作物、树木、土壤和微生物以及 CCS 的永久存储。

cash cropping 经济作物：如咖啡、烟草和鲜花的栽培，往往专门为出口供给。大众经济作物的价格是由全球商品市场制定，导致供给过剩时呈现明显的脆弱性。集约化的耕作方法也对土壤流失负有责任。

centre of excellence 卓越中心：经过专业规划，在特定的重点领域提供资源的建筑物或建筑群。 智能城市区域的规模控制和设计均考虑到城市的自给自足，它们以卓越中心 (CoE) 的形式展示其独特性，在邻近社区之间产生新的沟通渠道。

circular economy 循环经济：以"减量化、再利用和资源化"为原则，达到资源管理和环境效能的最优化过程。减少资源的消耗和废物产生；产品通过维修及翻新得到重新利用；废旧产品被最大限度地回收循环利用。"循环经济"是中国可持续发展的专门术语，是中国 18 年发展规划的重要组成部分，规划的目的是在经济增长的同时，减缓负面生态影响。

closed system 封闭系统：一个物质系统遵从保护原则，不与外部环境相互作用。在现实中，没有系统可以完全封闭。就物质方面而言，地球是一个封闭系统；但就能源方面而言，地球是一个开放系统，接受取之不尽、用之不竭的太阳辐射能。

cloud seeding 播云：将碘化银颗粒播撒到大气中，成为形成云的凝结核的过程。海洋层积云将阳光反射回太空，减少地球表面接收的热量。播云为应对全球变暖提供了一种替代的地球工程的方法。

Combined heat and power (CHP) + CCHP 热电联产（CHP）+ CCHP：从电力生产中获得余热，形成可用能源（如蒸汽或区域供热）的系统。热电冷联产系统 (CCHP) 使用吸收式制冷机将热能转换为冷却能源，也被称为三联产。当余热或余冷却能够接近其源头时，多联产电厂的使用效能最高。

Common Agricultural Policy (CAP) 共同农业政策（CAP）：欧共体制定的以提高生产率，稳定消费价格，确保农民的公平的收入，维护乡村遗产的农业计划。由于其他国家粮食生产价格较低，欧盟除了大量补贴其成员国的农业生产并保持高价格外，已别无选择。在政策最初制定时，CAP 对环境缺乏关注，导致高强度的、有害的农耕实践，这已经部分被后续改革解决。

concentrating solar power (CSP) 聚光太阳能发电（CSP）：使用抛物镜阵将大量光线聚集到一个小区域，以产生热和／或电力。能源可以存储在相变材料中，在夜间和阴天供应电力。沙漠环境中的 CSP 发电厂能够产生大量能源，余热可用于淡化水质，以提供农业灌溉用水。镜阵产生的阴影为农作物带来阴凉，促进不利条件下的园艺活动。将能源传输到人口稠密地区仍然存在问题，但 CSP 可能为干旱地区的城市中心的发展铺平道路。

cool roof 降温屋顶：能够反射和释放太阳能的屋顶系统，减少不良热传送到建筑内部。降温屋顶降低了制冷负荷,减轻城市热岛效应和烟雾,减缓全球变暖。降温屋顶除了反射太阳光外,还可以释放红外射线,是一个可行的地球工程技术。

cultivar 栽培品种:指经由人工栽培之后产生的独特的植物种类,具有统一性、独特性、稳定性,其后代也能保留以上繁殖特点。

culturalresources 文化资源:社会资本的组成部分,包括有形资产,如建筑和雕塑,也包括比较抽象和难以量化的资产,如历史、语言、民俗和遗产。

cycle station 自行车站:位于交通枢纽的可出租自行车的垂直存储塔,以鼓励智能城市的无车环境。自行车通过降落器存放,占地较小。塔在夜间打开照明设备,作为导航信标。

domestic fuel cell 家庭用燃料电池:使用可补充燃料源的小型发电机,可以在城市环境中的近用户点使用。家庭用燃料电池可以与洗衣机体积相当;利用天然气产生电力,比现代发电站更为有效。使用固体氧化物技术,可以将释放的二氧化碳与水蒸气结合,促进二氧化碳的捕获和储存。

earthbox 土壤箱 (Earthbox):获得专利的种植体系,包括一个回收利用的塑料容器(附有蓄水装置)和培养基。土壤箱的优势在于:无须持续的照料,可用于受污染地面,便于运输。

Eco-warrior 生态卫士:环保活动家的另一种称谓,还包括教育工作者、农民和商人。

ecotourism 生态旅游:为了享受和欣赏大自然(和伴生的文化特色,无论是历史上的还是现存的),对自然区域环境负责的旅游。生态旅游必须促进保护,产生较低的游客影响,提供当地人民的积极有益的参与(世界自然保护联盟采纳的定义)。

energy bonds 能源债券:又称作为可再生清洁能源债券(CREBs),能源债券是在可再生能源项目中进行的长期安全的投资。重大投资需要帮助以化石燃料为基础的经济体系的转换;政府、电力公司及可再生清洁能源债券的贷方可以发行税收抵免债券(tax credit bonds,债券收益以税收抵免的方式支付,而不是以利息的方式支付)筹集必要的资金。

Engel's Law 恩格尔定律:与食品支出占国民收入的比重有关的经济学定律。随着收入增加,食品支出占消费总支出的比重有下降趋势。恩格尔系数经常被用作衡量一个国家生活水平的指标。

enhanced geothermal systems (EGS) 增强型地热系统 (EGS):一种依赖低渗透岩体的地热发电技术,又称干热岩地热。EGS 将水通过钻孔高压注射到地壳内几公里的低渗透岩体,对其进行水压致裂,增加热岩的表面积。水成为蒸汽后可用于产生电能和热能,提供一个与地理位置或地质无关的、可行的清洁能源。

environmental remediation 环境修复：使用化学、生物或物理方法清除环境中污染物的过程。修复通常需要监测，并进行调整性控制。

eutrophication 富营养化：藻类等植物被过剩的矿物质和有机营养物质刺激后迅速繁殖的现象。富营养化属于自然现象，但通常是被人类活动造成的污水和耕地的化肥流失所触发或加速。植被的突然增加对水生生态系统产生不利影响，夺取了鱼类和其他需氧生物的氧气。此外，富营养化还影响到饮用水处理和娱乐水体的使用。

farming carpet 耕作地毯：智能城市范围内用于种植作物使用的广阔耕地。植物选择时考虑了颜色、图案和肌理。

food species 食物种类：人类饮食中消耗的植物和动物物种。尽管有大量可食的植物物种，世界范围内绝大多数粮食种类限制在 20 种（Swanson，1994）。

Gaia hypothesis 盖亚假说：20 世纪 80 年代中期詹姆斯·洛夫洛克（James Lovelock）提出的理论，星球作为一个单一的自我平衡有机体，有自我调节的能力。

gathering wells 聚集井：嵌入景观内的公共场所，用于各种游憩用途，从植物和音景花园到舞蹈、游泳和垂钓。

geo-engineering 地球工程：超大型自然系统研究计划，以对抗由人类活动引起的气候变化。技术包括固碳、植树造林、太阳能屏蔽及平流层气溶胶。

geothermal energy 地热能：地壳内部的蒸汽、热水或热岩中抽取的热能。地热能可用于地热热泵、热水或使用蒸汽涡轮机发电。

greenhouse gases 温室气体：在地球大气中，吸收地球释放出来的红外线辐射、阻止地球热量的散失的气体，制造了使地球宜居的"温室效应"。然而，部分由人类活动引起的温室气体浓度的增加已造成保温的不平衡。温室气体包括水蒸气、甲烷、一氧化二氮、氟氯化碳和二氧化碳。后者则是气候变化的主要原因，尽管水蒸气占大气中温室气体的最大份额。

greywater 灰水：家庭洗涤过程产生的废水。

groundwater 地下水：埋藏在地面以下饱和层中的水，是主要的饮用水源。大部分地下水已积累数代。地下水是一种有限的资源，尽管可以通过雨水入渗补给。

human capital 人力资本：一种资本存量形式，指有助于生产力和经济价值的知识和技能的积累。

hydroponics 水耕：用营养液代替土壤作为成长媒介培育植物的技术。应用水培技术后，植物营养不断供给且虫害侵扰风险最小，所以产量较高。植物增长可以进一步控制在有人工照明和二氧化碳充盈的密封环境中。

industrial ecology 工业生态学：建立在工业和生态系统共生基础上的跨学科研究领域。工业生态学涉及周期性的物质和能量流的建立，来自传统废物产生工业的废物可作为其他进程中的资源，同时最大限度减少有害副产品的产生。

integrated food and waste management system（IFWMS）食品和废弃物集成管理系统（IFWMS）：不同类型产品的协调合作，从一个部门输出的废弃物成为另一个部门生产的原料。IFWMS 是环境工程师陈乔治研发的农业永续生活设计体系。

interseasonal heat transfer（IHT）跨季节热能交换（IHT）：通过使用热储备设施传输季节间的极端温度，减少空间加热和冷却需求的一种方法。由 ICAX 首创，在夏季 IHT 将太阳能集热器与蓄热装置整合起来，提高冬季的地源热泵的使用效能。

kelp farming 海带养殖：海带，一种生长迅速的藻类，可以吸收二氧化碳，成为可持续的生物燃料，并为海洋生物提供栖息地。由 POD 能源推动的这种固碳技术的发展建议在大型塑料"肚子"里收割海带，"肚子"里的细菌将海带分解成二氧化碳和甲烷。甲烷将通过管道输送到水面外，随之用于能源生产，二氧化碳则存储在深海槽或用于海洋石灰法。

landfill 废弃物填埋场：通过压紧和控制土壤下的固体废弃物进行垃圾处置，以尽量减少对环境影响的场地。随着人口压力的增加，废弃物填埋场已被重建，需要提高稳定性和气体封存的措施。

lawn pier 草坪平台：智能城市中为游憩使用的、表面覆草的高架结构，通常架在耕地景观之上。

lifelines 生命线：智能城市的交通和通信线路。

marine turbines 海洋涡轮机：潮汐因其可预测性，比风和太阳能更具优势。考虑到潮汐能的高密度，迅速涨潮的区域能够使用相对较小的设备捕获巨大的电能。

monocropping 单一作物：耕地内不进行轮作的单一作物种植。单一作物虽然促进了运营效率，却易导致土壤肥力的降低、化肥和农药的过度使用及生物多样性的侵蚀。

multi-utility service company（MUSCO）多公用事业服务公司（MUSCO）：社区所有或公共和私营传递组织，提供各种公用事业服务，促成新的业务协同和高效的客户界面。

ocean liming 海洋石灰法：碳酸钙投入海洋的过程。固碳导致海洋酸度上升并威胁到海洋生物。石灰石投入水体后，与溶解的二氧化碳反应并生成碳酸氢钙，这个过程中和海洋的酸度并增加海洋对于温室气体的吸收能力。

orchard hub 果园中心：智能城市都市农业的组成部分，果树为城市提供新鲜的农产品、生物质能、并发挥降噪和固碳作用。

photovoltaics（PVs）光伏（PVs）：通常由硅和其他微量元素制成，将太阳辐射转换成电能的电池阵。PVs 吸收光子能量，产生能被吸引到导电接头的电荷，由此形成电力传输。光伏能非常适用于难以接入电网的偏远地区，且配电损失较少。然而，当连接到电网时，光伏能可以减少高成本的日间高峰用电需求，尽管需要将其从直流电转换为交流电。

planned obsolescence 计划性废弃：为了增加收入而人为缩短产品的生命周期以增加更换频率的做法。在农业产业中，许多高收益的种子无法再次繁育，每次收获后被废弃，迫使农民每年购买新种子。当进行品种转化以减少因病害导致农作物歉收的可能性时，不育基因可能会传播并污染其他的可繁育品种。

podcar 个人快速公交车：行驶在指定道路上的、直接到达个别乘客目的地的小型自动化车辆。电池技术的发展，使混合动力车一次充电就可以行驶较长距离。鲜为人知的是，20 世纪初福特 T 型车出产之前，三分之一的汽车是电动的。

progress paradox 进步悖论：一种命题，尽管人们在技术上取得巨大进步，生活品质有了显著改善，但并没有觉得比过去更快乐。

pyrolosis 裂解：有机物质经过厌氧分解转化为碳的过程。这个过程是碳负极过程，捕捉高达 90% 的二氧化碳，将通过燃烧转变为生物炭，可燃气体和生物油。该方法在亚马逊热带雨林应用了几个世纪，被认为是产生肥沃土壤的可行方案。

renewable energy 可再生能源：指在自然过程中可以不断再生、永续利用的能源。主要包括生物质能、地热能、太阳能和风能。

renewable energy sources act（EEG）可再生能源法（EEG）：德国议会通过的法案，在未来 20 年，优先考虑可再生能源并设置最低价格。EEG 结构确保高投资安全性和低信贷利率；在 2000—2004 年间，清洁能源发电的增幅将达到 250%。制定了奖励制度，刺激电力供应商不断更新可再生能源技术。

shallow ecology 浅层生态学：一种以人类为中心的生态学方法。与深层生态学这种将人类和非人类的生命放在同等价值的更全面的方法相比，浅层生态学着重于治理污染和自然资源的管理。

sky garden 空中花园：智能城市反复出现的主题，包括屋顶菜园、长满植物的空中步道。花园的高架特点探索和满足了不同标高用地的连接需求，呈现出可持续的垂直生活。

slow food movement 慢食运动：最初由卡洛·彼得里尼（Carlo Petrini）提出，作为对快餐文化的回应，该运动主张高品质的智能规模种植和区域传统美食。慢食是更广泛的"慢运动"的一部分，旨在抵制城镇的同质化和全球化的同时，追求生活品质的改善并享受生活。

smart grids 智能电网：电力分配网内应用数字技术能够提高传输、监测和需求管理的稳定性和效率。智能电表可支持用户的分时电价，消除需求波动。随着最大发电能力需求的降低，电厂负担得以减轻；分散和多元化的电力生产将允许用户选择可再生能源，既是能源的消耗者，也可称为能源的供应者；提高透明度将鼓励可靠的能源使用，同时，在线管理将精简客户界面。

social capital 社会资本：社会学和经济学领域的一个概念，描述促进社区进步和凝聚力增强的互信关系。社会资本通常被视为对抗社会问题的一种资源。学者普遍认同以下观点，社会资本可以以损害社会利益为前提，提高个人福利，校友网和狱友联合会是最好的证明。

solar chimney 太阳能烟囱：利用太阳能加热烟囱顶部的空气，引起烟囱底部的气流上升，以此来增强自然通风的一种管状设备。

sound garden 声音花园：提供听觉刺激和消遣的下沉圆形构筑物。声音花园尺度大小不同，大到为户外音乐表演的圆形露天剧场，小到侧重于关注周围声音的沉思小花园。

sustainability 可持续发展：既满足当代人的需求，又不对后代人满足其需求的能力构成危害的发展。（世界环境与发展委员会的定义，1987）可持续发展与绿色发展的区别在于它纳入了文化、经济及环境因素。

urban+peri-urban agriculture 城市和城郊农业：在城市内部或周围进行的、与城市经济和生态整合农产品生产。

urban beach 城市沙滩：体现出智能城市的游憩特性，毗邻天然或人工水体。城市沙滩不仅有一定面积的水产养殖，而且是青睐艺术的多功能空间，并挑战传统城市空间的领地划分。

victory garden 胜利花园：世界大战期间出现的厨房菜园，以减轻战争造成的粮食生产压力。欧洲和美国主要城市的胜利花园或战争花园除了后院，还包括屋顶、人行道、空地和公园。

volatile organic compound（VOC）挥发性有机化合物（VOC）：一种在常温下以蒸气形式存在，并能进行大气光化学反应的有机化合物。挥发性有机化合物可致癌，并导致臭氧和烟雾的形成。

waste-to-energy（WtE）废弃物的能源转化（WTE）：废弃物通过焚烧产生可用热量和电能的过程。如今，焚烧厂在排放监测的同时，还纳入材料和能源回收计划。焚烧能够减少压实废物约为95%的体积，因此在人口密度高的国家得到优先使用。但是，在有毒垃圾填埋场需要处理粉煤灰这种副产品。其他WTE技术包括气化、热解、发酵和厌氧消化。

wind power 风力发电：通过涡轮机的使用，将风所蕴含的动能转换成可用的机械能和电能的工程技术。地面各处受太阳辐照后气温变化不同，引起各地气压的差异，产生了风能。由于其间歇性和不可调度性，风力发电需要通过跨区域输电线路或能源存储基础设施得到补充。

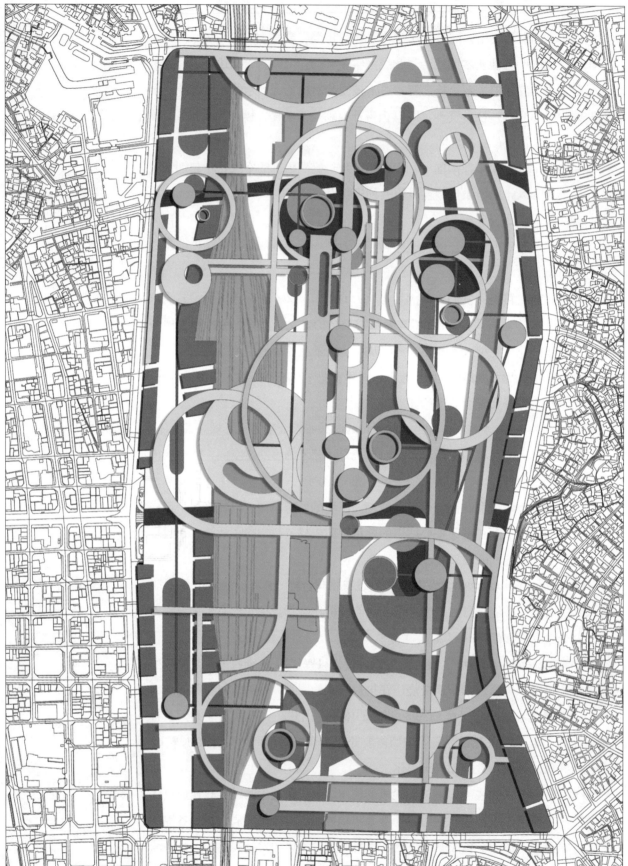

案例研究 2　都市农业

韩国大田城市复兴 (Daejeon)

当前,"人车分流"概念已为可接受的规划理论。但是,一旦人们接受人车分行和多层次单体建筑的理念,唯一合乎逻辑的就是构想多层次的城市。比方说,纽约只有两种水平联系城市空间内的多层次构成要素(街道和地铁),而且这两种连接大都在建筑底部,这已经是过时的方法。

—— 摘自"阿基格拉姆学派 5"的评论

韩国大田城市复兴区(DJURe)占地面积为 0.89 平方公里,具有典型的圈层结构或反向同心圆的复杂性。自 1990 年政府将周边城镇和大田老城区合并成大都市后,老城中心区的功能逐渐被取代。目前老城区充斥着大量零散的单层商业、工业和住宅建筑,它们大多年久失修并被四或六车道的高速公路包围。很多企业和家庭都从旧城区外迁到具有良好基础设施且蓬勃发展的新郊区社区。

与此同时,大田是先进交通设施的受益者,包含一个高速铁路(KTX)、连接首尔与釜山的区域轨道交通车站、穿越整个城市的地铁和其他主要道路。一种全新的发展尺度被提议以促进大田废弃核心区的复兴。由于占地面积比光明智能城市小得多,大田将着重垂直开发以腾出娱乐和农业的开放空间。将新型休闲活动引入到传统的商业、办公和住宅混合使用塔楼中会吸引区外居民,避免孤岛文化,并刺激更广泛的社会资本。

大田微智能城市的建筑高度将超过其周围环境,以便与其他主要国际城市相媲美,人口容量将从 7500 人增至 13000 人。这一规模带来新的活力和聚集性,展示出大田市大胆醒目的标志性形象。生活和发展的第二次浪潮最终将作为城市可持续增长的典范逐步渗透到周边城镇并被广泛采纳。

勒·柯布西耶将摩天楼构想为"天空中的街道",这一诱人的比喻迄今为止仅在单一维度上实现。街道不是孤岛,它们与其他街道互联,形成了具有协同优势的复杂关系网。即便是混合使用的高层建筑,也只能通过地平面连接到其他地方。城市生活的脱节随着塔楼楼层的增加而愈加明显,终止于某公司会议室或豪华公寓。

在香港中心区内,通过高架步行道网络连接旗舰商业办公用地、酒店、商场和邮政总局以创造次级公共活动水平层已被证明是非常成功的。这种布局将很快

对面页：大田城市复兴总体规划

后页：设施规划和分层城市

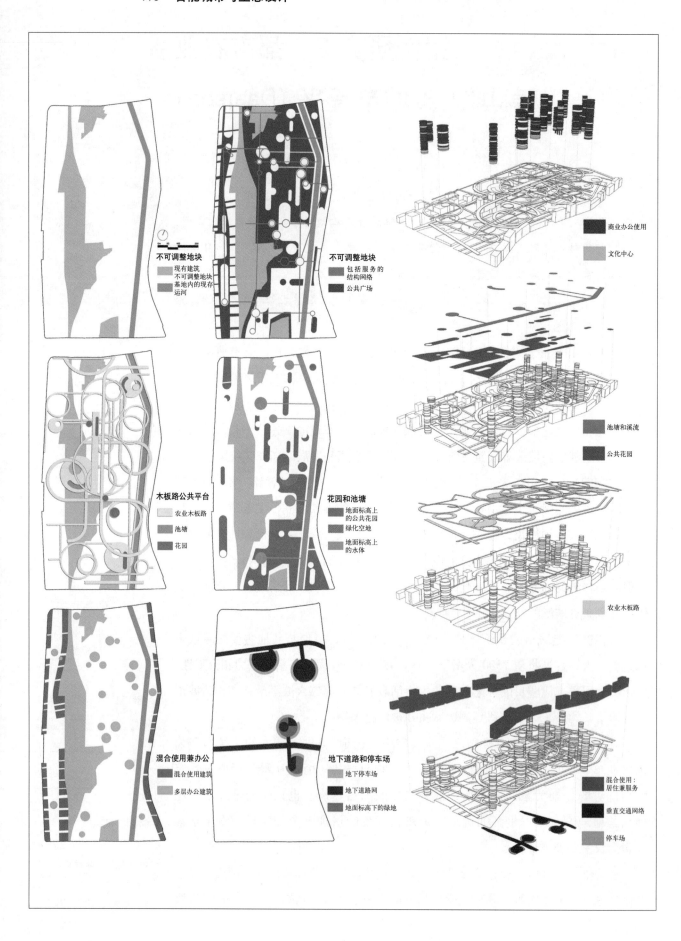

不可调整地块
现有建筑
不可调整地块
基地内的现存运河

不可调整地块
包括服务的结构网络
公共广场

商业办公使用
文化中心

木板路公共平台
农业木板路
池塘
花园

花园和池塘
地面标高上的公共花园
绿化空地
地面标高上的水体

池塘和溪流
公共花园

农业木板路

混合使用兼办公
混合使用建筑
多层办公建筑

地下道路和停车场
地下停车场
地下道路网
地面标高下的绿地

混合使用：
居住兼服务
垂直交通网络
停车场

应用到上海浦东区,通过环形步道连接主要商业金融区内的大部分摩天楼。然而,这两个案例布局的主要目标是人车分流。因此,现有地面标高上只有一或两层的水平连接,这对于在立体维度上建立新的公共领域则助益不多。

在大田,塔楼之间将通过几个标高连接,将小型土地集约式耕作、娱乐活动并入多种社会联系,并在结构稳定和消防疏散上提高安全性。勒·柯布西耶构想的"空中街道"在水平方向和垂直方向延伸,勾勒出形式和功能相结合的城市地标。

城市框架

大田智能城市中心的边界布置为混合使用的、符合人尺度的林荫道,林荫道构想为都市花园的栖息墙。 栖息墙容纳了住宅和商业开发,俯瞰穿插在塔楼社区之间的、绿意盎然的景观。都市庭院的中心是一处由硬质景观和绿色开敞空间构成的城市广场。沿南北中轴线流经大田的大同溪 (Deadong Creek),连接着一连串池塘、水库,用以灌溉农田并维护城市珍贵的生物多样性。城市广场可通过栖息墙或经由地下通道步行到达,就像令人惊喜的绿洲,自然地与钢筋混凝土丛林协调一致,给人以秘密花园的体验,同时促进了重要的文化和商业活动。

分布在市中心的 21 座摩天大楼构成了城市的商业中心。每座塔包含一处文化设施和一个空中广场,它们在地面和空中建立连接。有相关性的功能空间如音乐厅、音乐学院和录音室彼此邻接,便于使用,同时体现出立体社区的独特识别性。

空中花园位于空中两个以上街道的交会处。花园里植被繁盛,高架步行道两侧覆盖着水培植被,形成一个绿色的网络,为下部的都市庭院提供了阴凉。

前页:城市花园的鸟瞰图

对面页:为农业和混合使用方案进行的竖向开发

案例研究 3 都市农业

中央开敞空间：韩国多功能行政城市

韩国试图通过兴建多功能行政城市（Multi-functional Administrative City, MAC），重新安置国家行政机构，以减轻首尔大都市区过度拥挤的压力，促进国家均衡发展。MAC 位于忠清南道省，距首尔 150 公里，占地 72.19 平方公里。MAC 采取环形结构，象征政府的非等级制和分权原则。

MAC 拟打造为可持续增长的城市范式，提高韩国的城市环境质量。根据韩国土地开发集团和多功能行政城市建设局的委托，中央开敞空间（COS）将是城市中连接各种文化设施的绿色枢纽，并体现出政府的理念和远见。COS 占地面积为 6.982 平方公里，地势平坦，与 Jeonweol- SAN 山和 Wonsu-bong 山位于一条线上，锦江（Geum-gang）穿城而过。为了与示范城市相匹配，COS 超越了公园作为大都市内的绿色孤岛这一传统概念，成为通过复兴、自然和文化，与城市进行对话的、充满活力的环境。

都市农业计划非常适于 COS，为全球性的 21 世纪城市的可持续发展提供真实的模型，并重新在新鲜粮食生产和城市人口之间建立一个有意义且流动的关系。政府各部门与农田相互靠近，表达出韩国承诺粮食安全的明确立场。COS 兼并了表演艺术综合体、历史和民俗博物馆和设计博物馆等文化机构，展现出将公民活动诗意地置于美丽如画但又兼顾功能的背景下的开发机会。光明智能城将城市肌理与农田融为一体，与之相比较，多功能行政城市将部分城市嵌入到 COS 的农业景观中。桃梨隐蔽的艺术家工作室、图书馆和生态旅游别墅使得城市居民重归大自然的怀抱。

这种规模的土地征购负担很重，COS 的发展战略旨在最大限度减少土地流转，并在各个施工阶段仍保持土地利用。开发区目前为耕地，现存的当地蔬菜的种植方法将与粮食生产的地方传统一起保留下来，尽管整个地方将重新划分为具有季节色彩的横条带，从四处高架栖息平台眺望的话，将呈现出音阶似的视觉效果，平台结构将容纳节目表演等功能并向场地外延伸。

对面页：中央开敞空间的总体规划

后页：农业及文化城市的设施规划

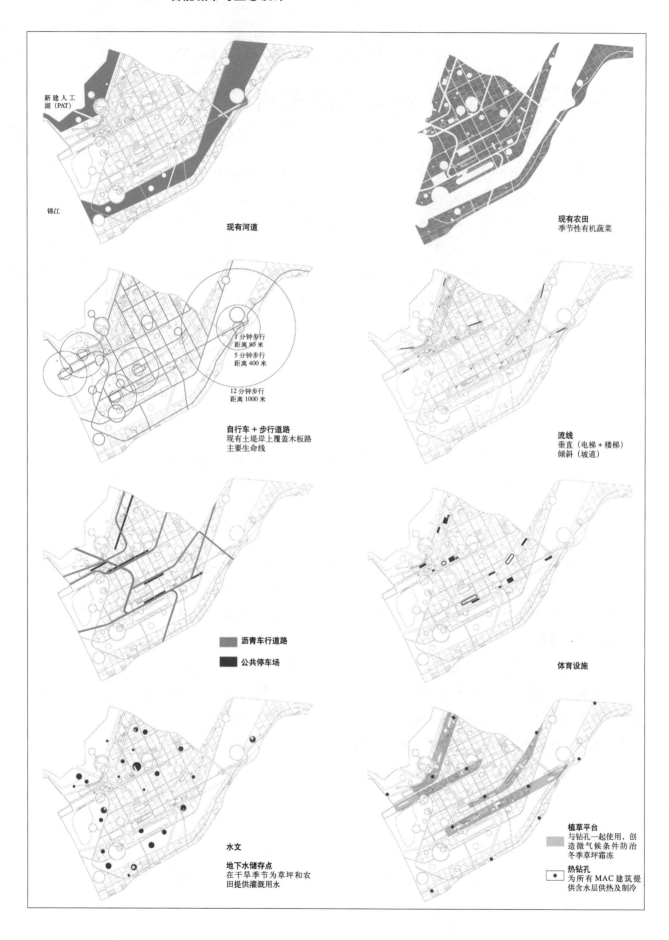

桃园
梨园

植草平台
漂浮在农田上、种植
修剪草的结构

荷花池 + 淡水鱼塘

蔬菜苗圃
植物园 + 树苗苗圃
农业实验室 + 学习中心

声音花园

观光农业别墅，带
屋顶餐厅和茶室

厌氧消化池
农贸市场 + 社区论坛

湿地
水 / 养分过滤处理 +
野生动物避难所

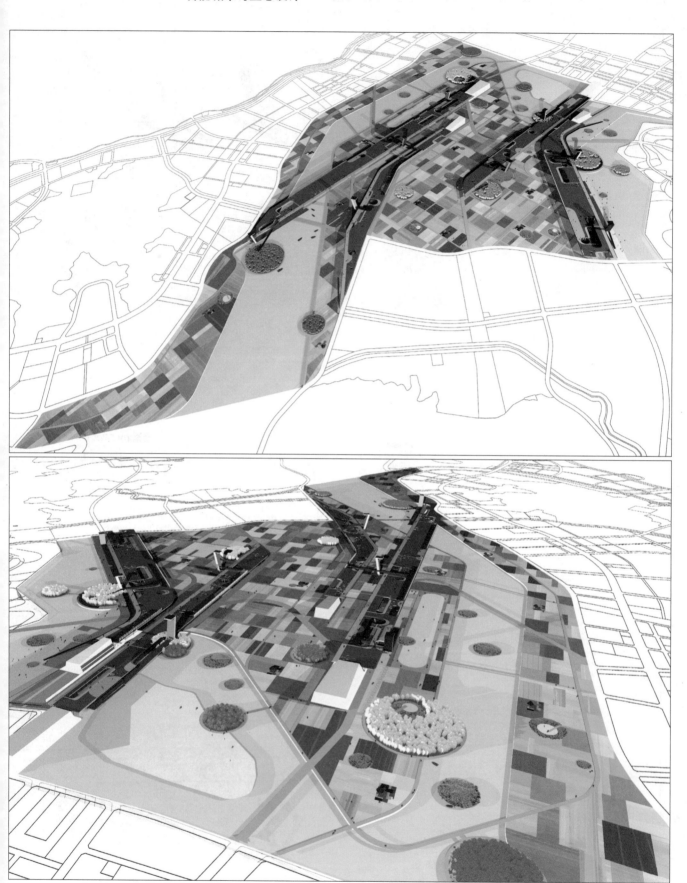

都市农业

　　20 世纪下半叶，城市和城郊农业在韩国快速发展，这是由于大量农民涌入城市，他们在城市中仍然可以耕种相对便宜的土地，在庞大的消费市场中占有一席之地。迅速的工业化和不断攀升的土地价格导致在韩国都市农业的战略转变，绿色旅游和营养价值成为新的关注点。与西方国家相比，韩国人民对于子女久坐伏案的生活方式及城市与自然的脱节深感不安，因此，城市居民计划在农场度过假日，并与乡村遗产重新联系起来。由于该国的人口密度高，都市农业唯一可以采取的形式是密集种植。为了与低价进口产品竞争而注重质量提高的城市合作社已经发现了新的市场，即通过设立框架协议为学童供应高品质的农产品。在这个模范城市中的城市农业战略遵循着这种模式，品质和教育比数量和"一次性"文化更重要。"少"即是"多"，的确如此。

　　现有的农业社会将在维护开敞空间中起到至关重要的作用，并应该指导和监督那些对于呵护土地起到支持作用的其他居民，将文化实践和新鲜空气传递给整日伏案工作的城市一族。农民也需要得到培训，将营养废弃物回收和能源发电系统结合起来，使农业与城市的结合更加现实。

　　农业社区和本地城市居民之间的当地粮食生产与技术交流将创造新的桥梁社会资本。这两种不同群体之间的碰撞将不再稀奇，前者理所当然被赋予安排的权利。新鲜农产品将直接向公众销售，不允许商业利益操控农产品的生产，否则将对 COS 的色彩和肌理产生负面影响。

休闲观光农业

　　韩国的农场停留计划呈现出更冷静和更有价值的生活的向往。对那些关注食品来源的人来说，中央开敞空间是个好去处。菜地、果园和河道提供了优美的风景和绿地。到访者能够住在农场别墅中，协助做些农活或采摘自家的水果蔬菜，放松地呼吸新鲜空气。Jeonweot-SAN 和 Wonsu 山均会标出徒步路线。从山顶的眺望亭一眼望去，将会欣赏到 COS 那叹为观止的美景。

　　位于公共行政镇（PAT）和农耕景观之间的城市沙滩是比北部海岸更方便的休闲目的地，使得 COS 成为一个理想的周末度假地。

对面页：可持续粮食生产城市的鸟瞰

后页：显示草坪及现有农耕地毯之间关系的鸟瞰

文化

COS 的新景观旨在成为融合文化的公共绿化休闲空间。面积约 50000 平方米艺术表演综合大楼包括音乐厅和表演歌剧及传统韩国音乐的剧院；面积约 25000 平方米的历史和民俗博物馆展示出民族的文化遗产；COS 建设规划中还包括一个 50000 平方米的设计博物馆和第四处文化设施。

COS 还将引入互动技术以增加自然与文化之间的交流，编排契合的音乐，增强景观的感染力。声音花园和聚集井打破了沉闷，提供休憩、交谈和放松的场所。用地形、肌理和声学边界划分了不同的区域。沉浸在花园绿洲中，触摸着这里的一草一木，参观者将体验风铃逐渐消失的声音、优美的旋律，同时品鉴着安置在聚集井的历史文物。

组织框架

景观的重构是在维护该地区的历史和文化独特性的前提下，对现有区域进行了稍加修改。一个展现季节性纹理和色彩变化的新种植计划将在这个厨房花园和公园中实施，场地的平整度得以加强。五个相互作用的系统形成的基质被放置在宜居的、"有生命力的画布"之上：

[1] 作为主要的生命线，从基地周围沿五条主要道路向外辐射，延伸至整个开放空间的道路网。这些道路都用于机动车行驶和停车场，并连接文化建筑及休闲节点。

[2] 覆以木甲板的泥堤岸和田埂的现存网络。这些构成次级生命线，用于骑自行车和散步。

[3] 以不同的文化博物馆和艺术场地进行区别、容纳非农业活动基础设施的四个植草平台。平台以轻钢木结构建造，借鉴城市屋顶花园以及行政城市的政府综合体的环状形式架在农田之上。广阔的绿色草坪为野餐、日光浴和球类运动提供一个多功能场地，同时，站在高架平台上可以欣赏到壮观的全景。体育设施、农贸市场、旅游住宿和其他未来的城市空间形式将出现在这四个结构的下方。

[4] 散布在基地内的果园和荷花池提供了新的自然栖息地，并为耕地平原引入了新的动力。该地区的桃子和梨闻名遐迩，果树从翠绿色变为白色和粉红色，呈现出引人注目的季相变化。荷花，一种可用于美食制作的多功能植物，呈现出与大尺度耕地条纹截然不同的古典美。

[5] 强化场地水文和生态动态的水道节点，将锦江和一个新的人工湖联系起来，可用于淡水养殖，休闲垂钓和划船。

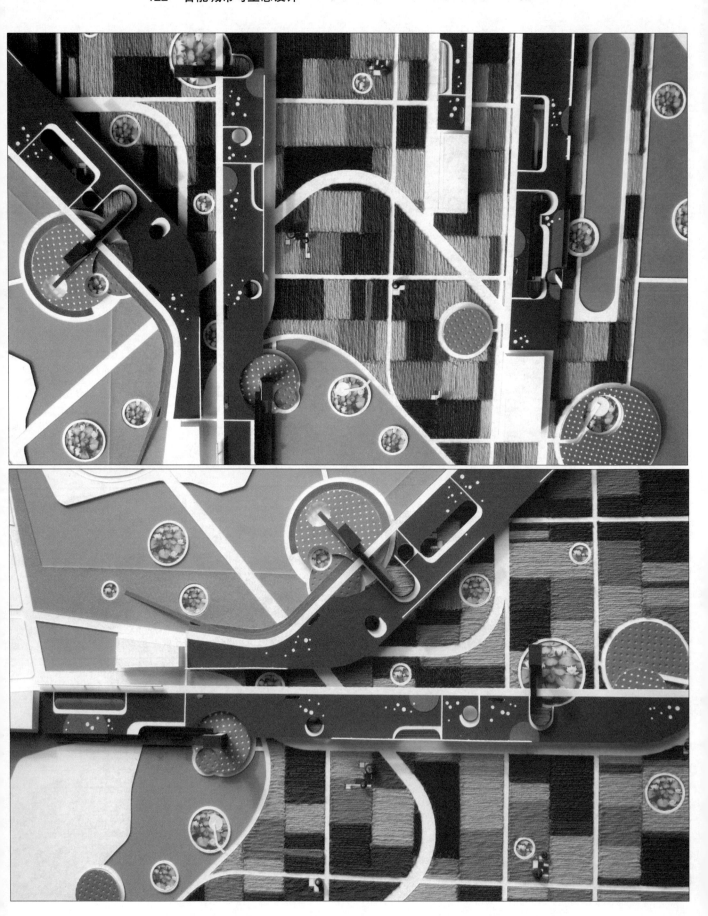

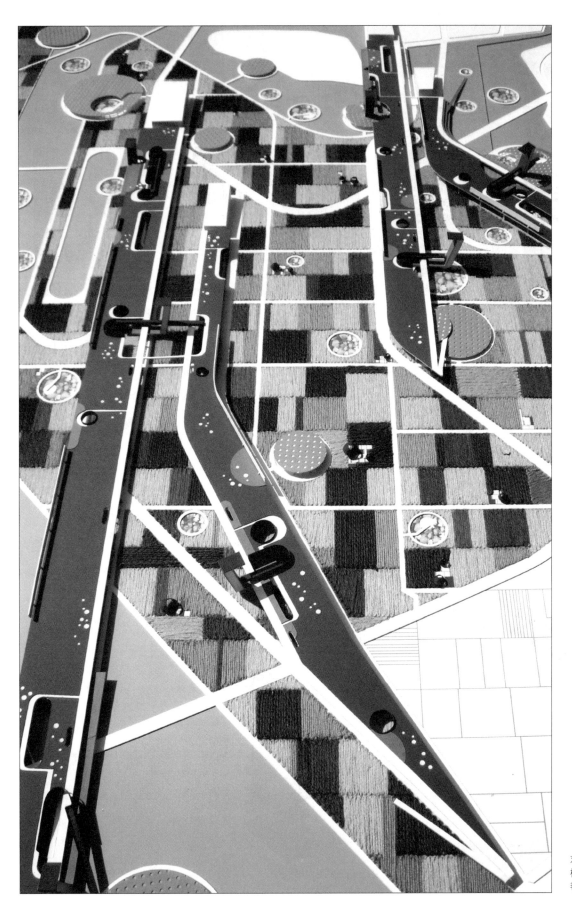

对面页、本页：COS
模型—现有农业地
毯的编织肌理

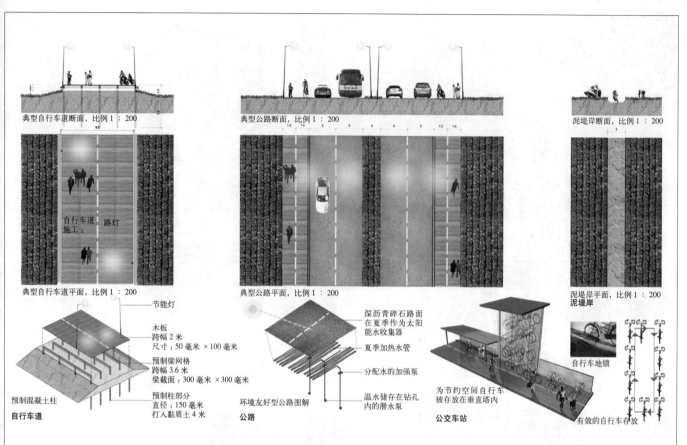

典型自行车道断面，比例 1 : 200

典型公路断面，比例 1 : 200

泥堤岸断面，比例 1 : 200

自行车道 路灯

典型自行车道平面，比例 1 : 200

典型公路平面，比例 1 : 200

泥堤岸平面，比例 1 : 200
泥堤岸

节能灯

木板
跨幅 2 米
尺寸：50 毫米 ×100 毫米

预制梁网格
跨幅 3.6 米
梁截面：300 毫米 ×300 毫米

预制混凝土柱

预制柱部分
直径：150 毫米
打入黏质土 4 米

自行车道

深沥青碎石路面
在夏季作为太阳
能水收集器

夏季加热水管

分配水的加强泵

温水储存在钻孔
内的潜水泵

环境友好型公路图解

公路

为节约空间自行车
被存放在垂直塔内

公交车站

自行车地锁

有效的自行车存放

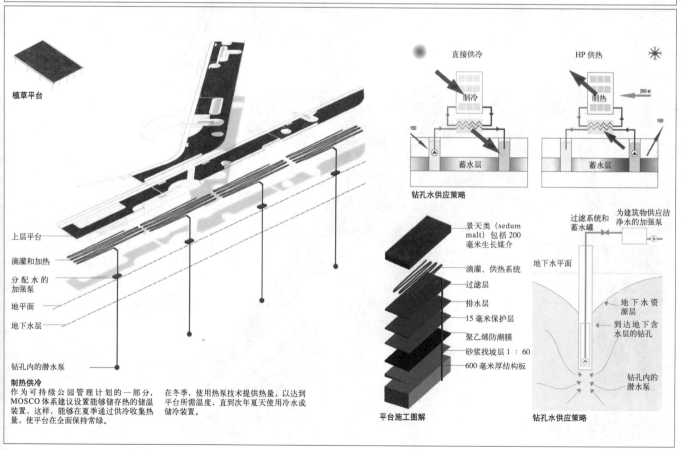

植草平台

上层平台

滴灌和加热

分配水的
加强泵

地平面

地下水层

钻孔内的潜水泵

制热供冷
作为可持续公园管理计划的一部分，
MOSCO 体系建议设置能够储存热的储温
装置，这样，能够在夏季通过储冷收集热
量，使平台在全面保持常绿。

在冬季，使用热泵技术提供热量，以达到
平台所需温度，直到次年夏天使用冷水或
储冷装置。

直接供冷

HP 供热

制冷

制热

250 el

150

150

蓄水层

蓄水层

钻孔水供应策略

景天类（sedum
malt）包括 200
毫米生长媒介

滴灌、供热系统

过滤层

排水层

15 毫米保护层

聚乙烯防潮膜

砂浆找坡层 1 : 60

600 毫米厚结构板

平台施工图解

过滤系统和
蓄水罐

为建筑物供应洁
净水的加强泵

地下水平面

地下水资
源层

到达地下含
水层的钻孔

钻孔内的
潜水泵

钻孔水供应策略

可持续能源 + 资源管理

在新规划的城市中形成示范性开敞空间的方法包括：为公园提供可持续能源和资源管理方法；公园本身就可以作为一个整体，具有为城市提供这些设施的商业潜力。因此，中央开敞空间将以 MUSCO（多公用事业服务公司）的形式，采用商业可持续能源和资源管理系统。与传统的供应商业模式相比，MUSCO拥有以下优点：

——地方治理模式可应用于能源和水供应。

——提供当地的高层次就业和培训机会。

——管理成本的降低以及韩国政府提供的低碳拨款和税务优惠应该能够建立一个高效运作的供应系统，提供比单一供应模式更低碳且更低廉的服务，减轻燃料缺乏状况，吸引商业机构进驻该地区。

——供应形式应根据客户的具体需求而量身打造。公共行政镇将需要高品质的办公和商业空间。在国家电网系统无法为新技术企业提供所需的高品质电力供应的地方，MUSCO 将能够确保低波动电力供应。

——化石燃料在进行燃烧发电时会产生大量废热。在夏季，这些废热的生产和排放可加重城市热岛效应；在冬季，当 Mac 依赖冬季采暖以保证热舒适性时，这些废热的排放则是一种浪费。MUSCO 将通过热电冷联供，将电力和余热一起出售，借助吸收式制冷机进行区域供热或供冷。供热、制冷和电力的碳含量和成本将会降低。

——超过 1500 毫米的年平均降水量为城市扩张提供了非常充足的水。然而，厨房菜园必要的灌溉仍为独立式灌溉的质量提供了一个良好的商业案例。从该地区的冲积层抽取的地下水经过处理后可达到饮用水水质，河水经过基地的水处理厂处理后也可使用。毗邻河流的湿地可变得更优美，并依然可以发挥净水作用。研究表明，为中央开敞空间服务的水厂及支网可以有效地供应周边邻近城市。由于过量倾入水体导致水体富营养化的城市养分可以使用湿地和可持续地表排水（如砾石层水培网）等过滤方法清除。

——农田和果园出产的农产品使得 COS 成为当地社区的粮仓。为了建立典型的城市养分循环，COS 将承担地方有机废物处理机构的角色，使用厌氧消化池处理有机废物并生产沼气，出售沼气后获得收入，剩余的养分成为土壤的肥料。

——MUSCO 与光明智能城市的做法类似，将在每个平台设置经销店，以最大限度提高城市公用事业管理公司的农业收入。

对面页上，太阳能收集路径

对面页下：地面钻孔供水策略

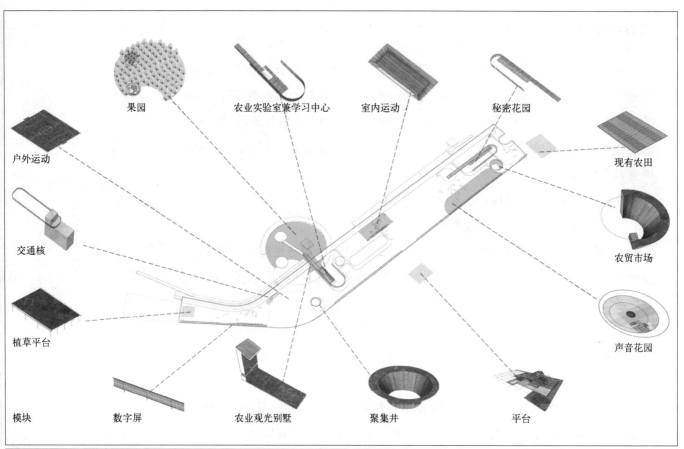

果园

农业实验室兼学习中心

室内运动

秘密花园

户外运动

现有农田

交通核

农贸市场

植草平台

声音花园

模块

数字屏

农业观光别墅

聚集井

平台

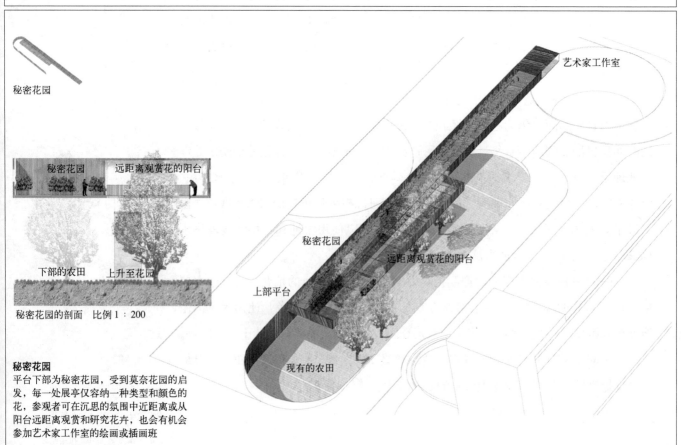

秘密花园

艺术家工作室

秘密花园

远距离观赏花的阳台

下部的农田

上升至花园

秘密花园的剖面　比例 1 : 200

远距离观赏花的阳台

上部平台

现有的农田

秘密花园

平台下部为秘密花园，受到莫奈花园的启发，每一处展亭仅容纳一种类型和颜色的花，参观者可在沉思的氛围中近距离或从阳台远距离观赏和研究花卉，也会有机会参加艺术家工作室的绘画或插画班

电 + 生物质

从光伏电池板获取的能源将满足 COS 内的当地需求，并为邻近城市的街道、公共汽车站和自行车站提供照明电力。沿生命线布置的集成光伏电池板将为道路提供阴凉并进一步增加电力供应。

来自景观美化和农业生产的生物质废弃物是中性碳，可以经过燃烧产生能量，转换成沼气或加工成优质肥料。COS 除了利用生物质 CCHP 装置提供集中供热和制冷外，还将设置跨季节热储设备。

COS 地下为第四纪冲积层，具有地下蓄水层热储的潜力（ATES），这是最先进且耗能最低的跨季节热储形式。该体系利用钻孔接触含水层的不同部分，以创建独立的热区和冷区。一个钻入砂岩含水层的热钻孔可能会产生 2 兆瓦冷能或热能。因为含水层的水仅仅是从一个部分抽取到另一个部分，因此没有枯竭的危险。

可以利用类似方法将地球本身转化为独立的大型热能和冷能储存地。规划的开敞空间中要进行土方工程，在填方时可安装循环线路。

如果这些跨季节热存储系统所服务的建筑处于不平衡状态时，也就是说，如果系统服务的商业建筑过多且在夏末积累了过多的热量，或如果需要供热的建筑远远超过那些需要制冷的建筑因而需要额外增加供热时，在景观尺度上仍有进行储备热量再分配的新机会。新建的道路和硬质地面将埋入循环塑料管道，在夏季从近地表面（沥青作为太阳能集热源，有效率达 60%—70%）吸热，补足热储装置中的热量。同样，这些地表可以在冬天释放热量，确保地面的冰雪融化。

操作原理非常简单，固定在多功能游戏场地上方的平台底面的热线圈会释放出辐射热，可延长场地适于体育活动的时间。

数据与通信

相对基础的网基软件用于从数字仪收集数据，在线管理 MUSCO 账户，进而降低管理成本。MUSCO 也将提供本地数据网络服务，节约连接电能表的数据线的升级成本。

居民可以免费接入社区内联网，MUSCO 通过提供本地培训和就业机会信息将创造新的社区连接，成为地方教育系统的一部分，并提供所有城市数据。它还将管理汽车共享计划，提供实时公共交通信息，并将有品质保证的当地农产品送到订购者的家门口。类似的内联网协议将允许 COS 和其他当地农民直接为社区提供农产品，以降低成本并提高比国内或跨国零售供应商更大的当地竞争优势。

对面页上：可容纳非农业类设施的植草平台

对面页下：果园上方的秘密花园

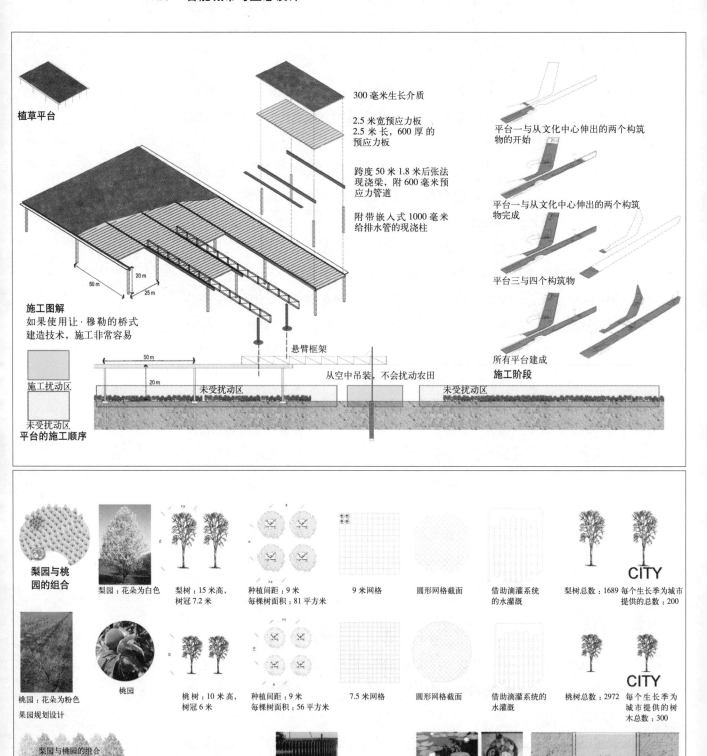

植草平台

300 毫米生长介质

2.5 米宽预应力板
2.5 米长，600 厚的
预应力板

跨度 50 米 1.8 米后张法
现浇梁，附 600 毫米预
应力管道

附带嵌入式 1000 毫米
给排水管的现浇柱

平台一与从文化中心伸出的两个构筑
物的开始

平台一与从文化中心伸出的两个构筑
物完成

平台三与四个构筑物

所有平台建成

施工阶段

50 m
20 m
25 m

施工图解
如果使用让·穆勒的桥式
建造技术，施工非常容易

悬臂框架

50 m
20 m

从空中吊装，不会扰动农田

施工扰动区

未受扰动区

未受扰动区

未受扰动区

平台的施工顺序

梨园与桃园的组合

梨园：花朵为白色

梨树：15 米高，树冠 7.2 米

种植间距：9 米
每棵树面积：81 平方米

9 米网格

圆形网格截面

借助滴灌系统的水灌溉

梨树总数：1689 每个生长季为城市
提供的总数：200

CITY

桃园

桃树：10 米高，树冠 6 米

种植间距：9 米
每棵树面积：56 平方米

7.5 米网格

圆形网格截面

借助滴灌系统的
水灌溉

桃树总数：2972 每个生长季为
城市提供的树
木总数：300

CITY

桃园：花朵为粉色
果园规划设计

梨园与桃园的组合

打板桩

开垦土地　河

邻近河流的果园断面，1：600

打板桩

石质护坡　河

潮位变幅

湿地断面，1：600

石质护坡

打板桩至河
床 5m 以下

河流堤坝扩建

农田与果园
灌溉用水

水箱

长有睡莲的农田剖面，1：300

长有睡莲的河流剖面，1：300

湿地规划设计

睡莲池规划设计

结构顺序

大型高架板、独立式展亭和礼堂的设计建造考虑到较长的建筑使用寿命、低维护性并对现有景观造成最小破坏。高架板是经济的混凝土结构，柱作为受弯侧移框架，使得结构台具有横向稳定性。其他要素、相邻的展亭和板内的悬索结构都是钢框架，以减轻自重并加快施工速度。每三跨设一个伸缩缝。

首先进行的工作是入口道路的找平和铺装。入口通道建立后，预制混凝土框架结构搭在短桩上以支撑木板路。需要在安装推拉百叶窗的地方配置主板梁。其他的预制板按序组装。组装完成后用灌浆接缝，以确保坚固性。

施工中应用法国工程师让·穆勒（Jean Muller）具有创新性的桥梁施工法以避免破坏地平面。一个临时悬臂钢框架竖立在与板相同的水平面上，这样，新的基础、柱和交叉梁都可以从上面放置而无需直接接触支撑点。

对面页上：植草平台的建设顺序

对面页下：果园的种植战略，水边的建设

后页左上：声音花园的沉思

后页左下：植草平台的聚会

后页右上：通过颜色和气味划定的果园

后页右下：苗圃形成农业旅游别墅的外立面

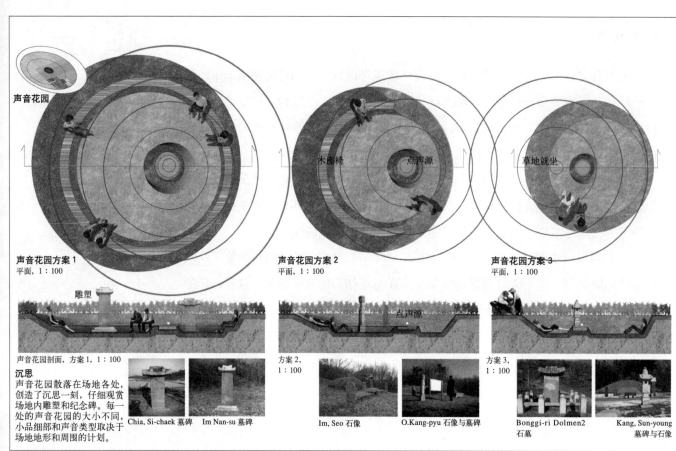

声音花园

声音花园方案 1
平面，1：100

声音花园方案 2
平面，1：100

声音花园方案 3
平面，1：100

木座椅　　点声源　　草地就坐

雕塑

声音花园剖面，方案1，1：100　　　方案2，1：100　　　方案3，1：100　　点声源

沉思
声音花园散落在场地各处，创造了沉思一刻，仔细观赏场地内雕塑和纪念碑。每一处的声音花园的大小不同，小品细部和声音类型取决于场地地形和周围的计划。

Chia, Si-chaek 墓碑　　Im Nan-su 墓碑　　Im, Seo 石像　　O.Kang-pyu 石像与墓碑　　Bonggi-ri Dolmen2 石墓　　Kang, Sun-young 墓碑与石像

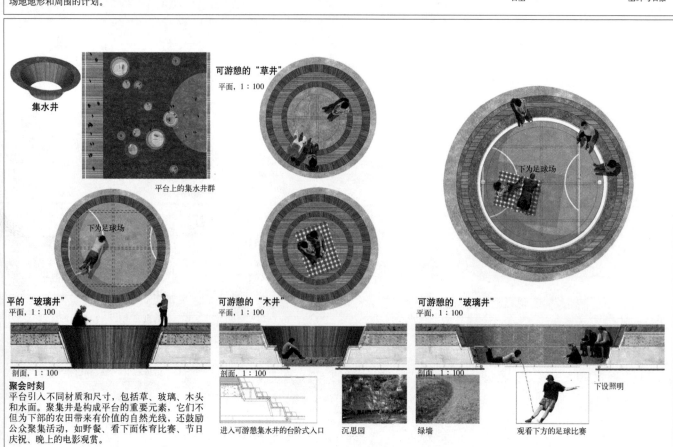

集水井

可游憩的"草井"
平面，1：100

平台上的集水井群

下为足球场

下为足球场

平的"玻璃井"
平面，1：100

可游憩的"木井"
平面，1：100

可游憩的"玻璃井"
平面，1：100

下设照明

剖面，1：100　　　剖面，1：100　　　剖面，1：100

聚会时刻
平台引入不同材质和尺寸，包括草、玻璃、木头和水面。聚集井是构成平台的重要元素，它们不但为下部的农田带来有价值的自然光线，还鼓励公众聚集活动，如野餐、看下面体育比赛、节日庆祝、晚上的电影观赏。

进入可游憩集水井的台阶式入口　　沉思园　　绿墙　　观看下方的足球比赛

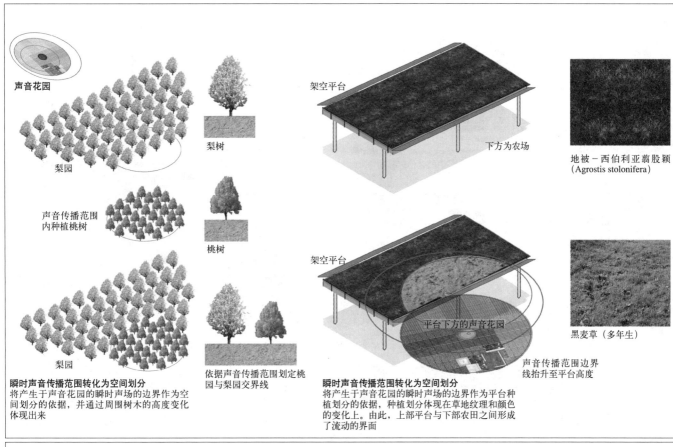

声音花园

梨园

梨树

声音传播范围
内种植桃树

桃树

梨园

依据声音传播范围划定桃
园与梨园交界线

架空平台

下方为农场

地被－西伯利亚翦股颖
（Agrostis stolonifera）

架空平台

平台下方的声音花园

黑麦草（多年生）

声音传播范围边界
线抬升至平台高度

瞬时声音传播范围转化为空间划分
将产生于声音花园的瞬时声场的边界作为空
间划分的依据，并通过周围树木的高度变化
体现出来

瞬时声音传播范围转化为空间划分
将产生于声音花园的瞬时声场的边界作为平台种
植划分的依据，种植划分体现在草地纹理和颜色
的变化上。由此，上部平台与下部农田之间形成
了流动的界面

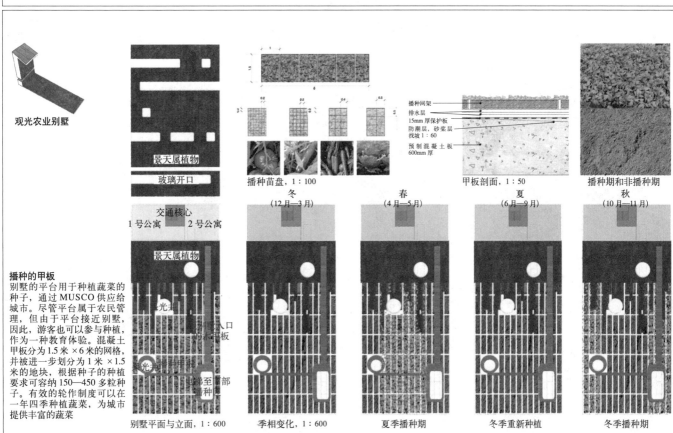

观光农业别墅

景天属植物

玻璃开口

交通核心

1 号公寓　　2 号公寓

景天属植物

播种苗盘，1：100

播种网架
排水层
15mm 厚保护板
防潮层，砂浆层
找坡 1：60
预制混凝土板
600mm 厚

甲板剖面，1：50

播种期和非播种期

冬
（12月—3月）

春
（4月—5月）

夏
（6月—9月）

秋
（10月—11月）

播种的甲板
别墅的平台用于种植蔬菜的
种子，通过 MUSCO 供应给
城市。尽管平台属于农民管
理，但由于平台接近别墅，
因此，游客也可以参与种植，
作为一种教育体验。混凝土
甲板分为 1.5 米 ×6 米的网格，
并被进一步划分为 1 米 ×1.5
米的地块，根据种子的种植
要求可容纳 150—450 多粒种
子。有效的轮作制度可以在
一年四季种植蔬菜，为城市
提供丰富的蔬菜

别墅平面与立面，1：600

季相变化，1：600

夏季播种期

冬季重新种植

冬季播种期

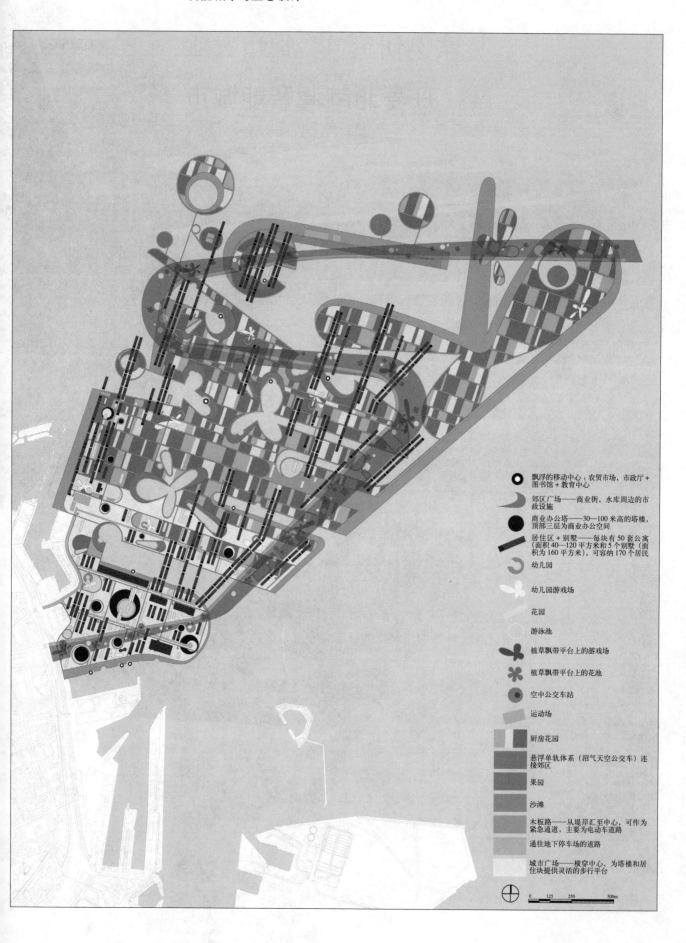

飘浮的移动中心：农贸市场，市政厅 + 图书馆 + 教育中心

郊区广场——商业街，水库周边的市政设施

商业办公塔——30—100 米高的塔楼，顶部三层为商业办公空间

居住区 + 别墅——每块有 50 套公寓（面积 40—120 平方米和 5 个别墅（面积为 160 平方米），可容纳 170 个居民

幼儿园

幼儿园游戏场

花园

游泳池

植草飘带平台上的游戏场

植草飘带平台上的花池

空中公交车站

运动场

厨房花园

悬浮单轨体系（沼气天空公交车）连接郊区

果园

沙滩

木板路——从堤岸汇至中心，可作为紧急通道，主要为电动车道路

通往地下停车场的道路

城市广场——横穿中心，为塔楼和居住块提供灵活的步行平台

0　125　250　　　　500m

案例研究 4　都市农业
丹麦北港湾智能城市

生活的意义不仅仅是加快它的速度。

——圣雄甘地

北港湾 (Nordhavnen)，位于哥本哈根厄勒海峡沿岸的海港区，是斯堪的纳维亚半岛最大的城市发展项目。北港湾占地 200 公顷，是 19 世纪末开拓的土地，它三面环水，具有成为北欧第一处智能城市的潜力。

北港湾智能城市撷取了与光明城同样的哲学理念和基础设施要素，但将其设定三面环水的西方语境中。与深圳相比，哥本哈根已经是可持续发展生活的领跑者，举办了 2009 年联合国气候变化峰会。国家技术和环境管理局最近制定一项战略，旨在使哥本哈根在 2015 成为世界领先的环境之都，北港湾被视为这一宏图的关键举措。

预计到 2025 年，城市人口将增加 45 万，需要新的住房、工作场所和社区设施，以阻止通勤时间增加的不良趋势并减轻交通拥堵。北港湾智能城市为 40 万人提供住房和工作场所，并彰显独特的城市农民新形象。

丹麦是一个粮食净出口国，其分配土地、侍弄花园的传统可以追溯到 18 世纪。2001 年，丹麦通过立法指定公共花园的"永久"地位，保护它们不会在未来的城市发展中湮没。然而，在真正的城市尺度上实施都市农业，将引入一个新的维度，并进一步推进已处于世界领先地位的低能耗交通、废物回收和风能设施的环境协同力。智能城市将不会呈现郊区化的特点，而是把郊区地毯叠加到城市形态之上，将密集性社区的活力和社会契约以及大片开放空间的娱乐设施的优点兼容并蓄。

当地日益充足的物产将导致对自然和社区的态度转变，同时借助移民的非传统烹饪和培育食品新类型的技术。年龄、种族、财富和阶级的差异不再是摩擦和敌对的诱因。

城市框架

北港湾的水景品质极佳，具有成为独特康乐设施的潜力。在北港湾外围，哥本哈根与厄勒海峡会合，提供了观赏大海、瑞典、哥本哈根历史防御工事和以海

对面页：北港湾智能城市总体规划

后两页：厄勒海峡沿岸的智能城市鸟瞰

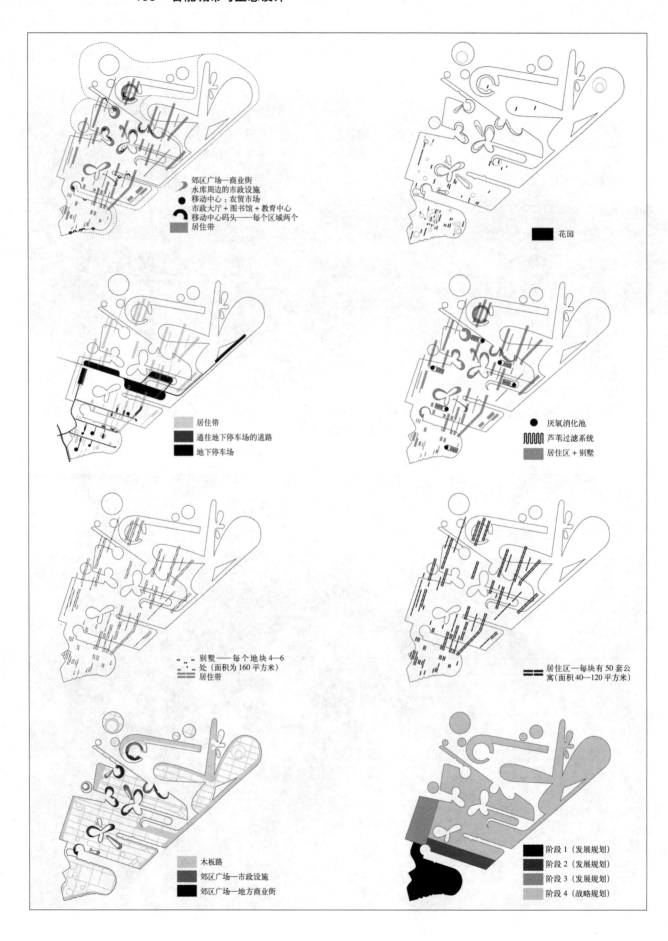

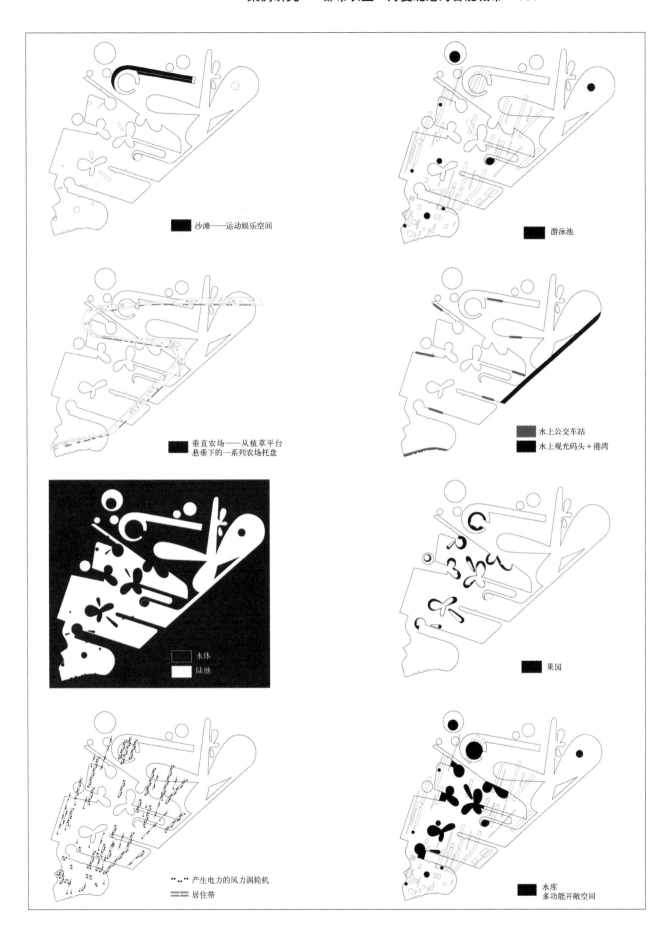

沙滩——运动娱乐空间

游泳池

垂直农场——从植草平台
悬垂下的一系列农场托盘

水上公交车站
水上观光码头 + 港湾

水体
陆地

果园

产生电力的风力涡轮机
居住带

水库
多功能开敞空间

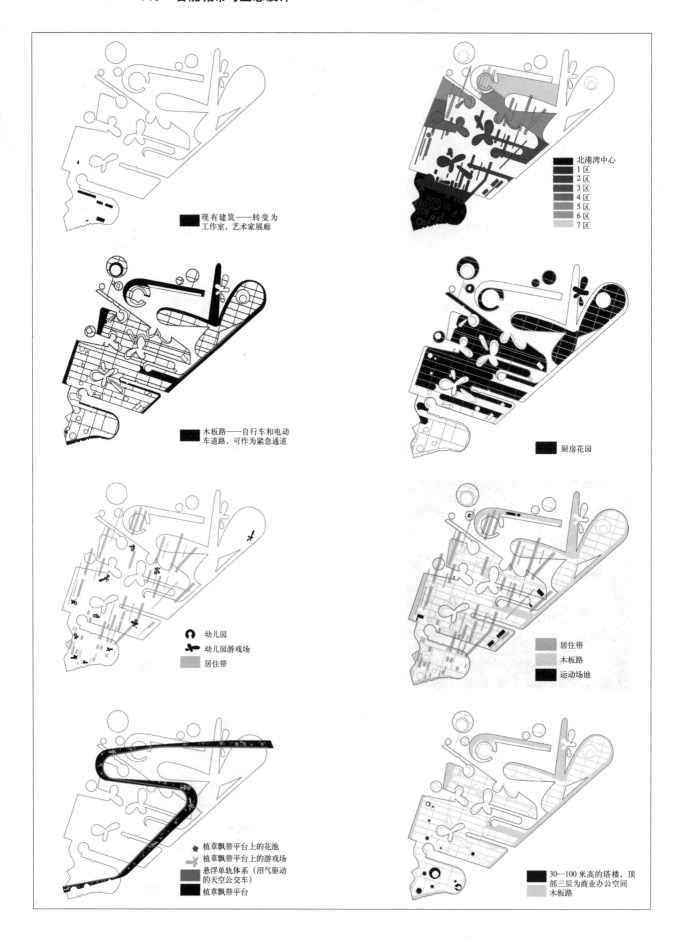

滩和森林为特点的北部海岸线等美景的视窗。目前，基地用于以港口为主题的活动，这些活动将通过建立专门的基础设施予以保留并不断完善。

厨房花园：农田的新景观地毯得到精心的布置，既可以提供多样的环境，又可以融合可持续发展的共生混种优势。超过 70% 的土地专门用于蔬菜种植，个别区域用以放牧。大量分散的水体便于建立类似于中国珠江三角洲的桑堤—鱼塘模式的循环农业系统。

速生灌木的生物质和鲤鱼、鲈鱼和梭鱼等养殖鱼塘产生的肥料将为农田提供养分。营养丰富的水质连同哥本哈根温和的冬天使得鱼塘获得高产，鱼类可以从植物的叶片中获取养分。城市废物流的整合将通过把陈乔治理论的整合食品和废物管理系统（IFWMS）应用到现实当中，使得绵延不断的文化更进一步。

农田灌溉需要大量的水。尽管厄勒海峡水源丰富，但不能用于浇灌传统农作物，海水淡化是极其低效的能源利用方式。因此，厨房花园将专门种植盐生作物，如海蓬子，以及可食用海藻，包括海莴苣、角叉菜、红皮藻和海带。这些海藻是营养丰富的天然食品，是亚洲美食的重要成分，过去也是欧洲饮食的一部分。海蓬子，可生吃或煮熟食用，含有丰富的不饱和脂肪和蛋白质，特别适合作动物饲料和生物燃料。鲤鱼和鲈鱼塘排出的废水将增加作物产量。

生活—工作组团：住宅和写字楼组团化，被布置成叠加在新农田景观之上。受到现有码头的启发，住房形式被布置成混合业权的并鼓励社区互动的立体街道。每个集群配备了一个能源站，控制光伏阵、风力涡轮机和联合热电厂。这个能源站在为毗邻农业区服务的同时也从毗邻农业区获取燃料。住房还包括为短期和长期游客提供观光别墅。

市政设施：位于运河沿岸的郊区广场为每个社区组团提供服务，如基本的商业设施、水库和农贸市场。这种城市布局鼓励社区组团内部和组团之间的互动。

飘带平台：生活－工作组团通过高出地面 12 米的带状平台空间对接，平台经由垂直交通核到达。平台上延绵不断的休闲绿地提供了野餐、日光浴和运动场地。作为观赏海洋和天空的动态画布的理想视点，修剪整齐的草地展现出农田和厄勒海峡的壮观全景。体育馆、文化设施，观光农业住宿设施和沼气驱动的天空公交车都悬浮在飘带上。悬垂在平台两侧的水培帘幕是另一处农业用地。

生命线：北港湾是步行区。区域内主要的交通系统是连接生活群且限定城市领空的天空公交车单轨铁路。周边道路网经由商业门户区延伸到智能城市，转换成木板路。这些都是提供车流和步行的主要命脉。靠近自然沙滩的木板路沿海岸线不断延伸，创建了水陆界限，在智能城市的中心汇聚。

前两页、对面页：北港湾智能城市设施规划

农田景观上的居住单元

门户：发展的第 1 阶段，包含创意商务区，位于该场地的西南边界，面向哥本哈根市中心。翻新过的仓库容纳了保留工业特征的手工艺作坊和艺术家工作室，展示出文明城市的过渡期。

水界面：沿北港湾北部边界的海港和毗邻沙滩将是区域的旅游景点，提供海洋主题的娱乐活动，包括航海和深海捕鱼。厄勒海峡经由一系列水街流入基地，水上公交车穿梭于水街之中。水街由三叶草形泻湖提供水源补充，泻湖弯曲的形状增加了水界面的长度，将水体划分成互不干扰的活动空间。居民一出家门就可以与水亲密接触，智能城市将为当地居民提供娱乐设施，而不仅是旅游目的地。游客将与水产生不同的联系：慢跑、散步、骑自行车、日光浴或游泳、划船。

移动中心：三大飘浮的移动中心包括一处有机农贸市场、一处市政厅和图书馆、一处艺术和教育中心。中心横跨运河，为每个市镇集群提供共享服务。这些飘浮的中心还作为举办节事活动的公共广场，并定期执行外联访问，向丹麦的其他地区传播智能城市的理念。

活动框架

有机食品＋生态美食：北港湾将从光明智能城市汲取经验，使它成为北欧的粮食和农业总部。它的区位有许多内在优势，其有机食品消耗比为世界最高。在其他欧洲城市已经屈从于连锁超市的垄断时，北港湾将通过重新建立传统市场作为丹麦文化和社会交流的一部分，提供一种替代方法。

该市逐渐成为国际公认的美食目的地，并举办了哥本哈根烹饪节——一个每年 8 月在市区不同区域举办的美食节。哥本哈根与全球城市和国际机场的近距离优势，将使北港湾智能城市成为理想的国际会议地点。

以水为主题的活动：借助厄勒海峡清澈的水质，智能城市成为与布吕格（Brygge）岛、南方港口和天鹅密尔湾相媲美的海浴活动场所。春季的梭鱼和长嘴硬鳞鱼的产卵洄游将通过这片水域，使得深海鱼观光更具吸引力。

交通

智能城市西南边界的环形路是与哥本哈根市中心连接的主要区域道路。次级公路在地面以下与高速公路交汇，并连接到公共停车场。智能城市也在此处与哥本哈根和埃尔西诺之间的主要铁路连接。港口巴士和一个新建的人行天桥连接了主港盆地的两侧地区。城市圈的电动公交车还将路线扩展到商业门户区。

单轨天空公交车和共享环路可为本地旅游提供服务。每当居民离开家或雇员离开工作场所时，他或她会先遇到一个自行车站，然后依次是公共汽车站、地铁

对面页：受现有码头启发，房屋被布置成鼓励社区互动的立体街道

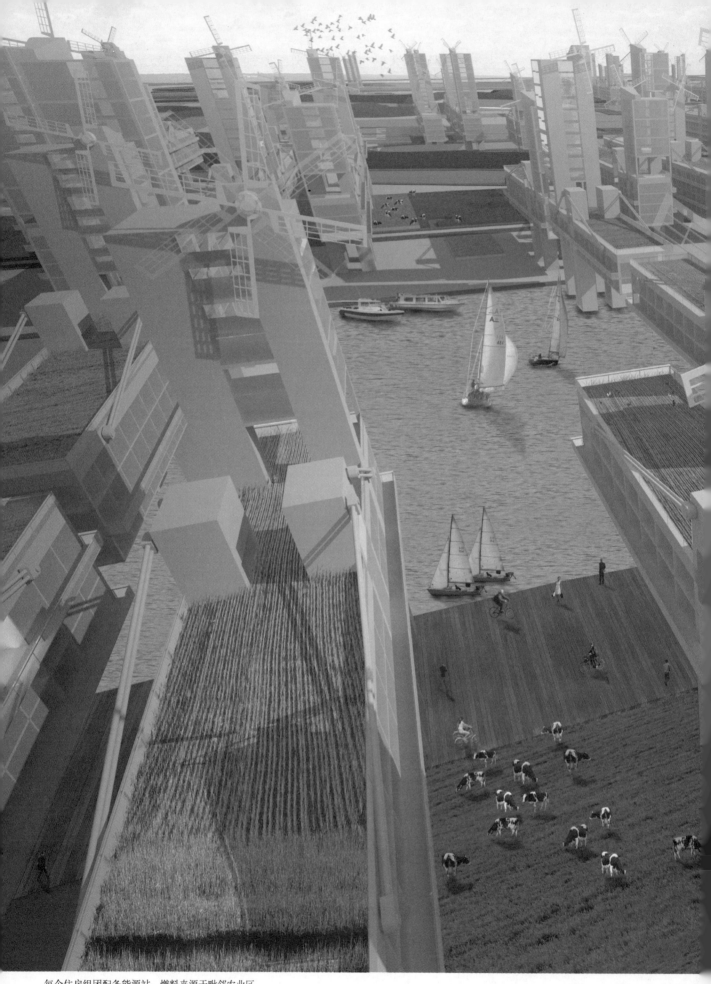

每个住房组团配备能源站，燃料来源于毗邻农业区

站和停车场。哥本哈根已是世界上最友好的自行车城市之一，市政政策的目标是到 2015 年，50% 的通勤上班、上中学或大学均使用自行车。围绕运河、盆地和海岸线的细网状道路将有利于骑自行车和步行，同时，水上出租车渡口沿着水街布置。

环境可持续发展

丹麦环保局（EPA）报告，约 99% 来自食品行业的废物回收成为动物饲料或肥料。然而，来自家庭的有机固体废物的处理更多集中在卫生和水体生态系统的保护上，因而缺乏能源效率。在体积上只占家居废物量的 1% 的有机人类废物却包含约 85% 的营养物质。在常规城市环境中，由于城市和农业用地距离遥远，这些废物很难转化为能源和肥料。在北港湾，人类废弃物可以方便地结合有机农场废物，通过厌氧消化分解产生沼渣、沼气和生物质。前者为毗邻的农田提供肥料，后者将被添加到市政固体废物中，作为热电联产和发电厂的燃料，输送到每个集群社区。哥本哈根已拥有世界上最高效的废物处理系统，回收建筑废物的 90% 并焚烧 75% 的家庭废物用以发电和集中供热。智能城市将利用当地技术维持和提高这些效率。

月平均降水量为 40—70 毫米的雨水将被收集和存储在三叶泻湖的淡水区。灰水和黑水也将被回收用于农作物灌溉，考虑海洋植物养殖不需要淡水，水的数量应该是充足的。

通过风力和太阳能可进一步收集可再生能源，智能城市居民将通过投资当地的能源生产来获得免税资格。北港湾盛行西风或西南风，只有在 2—5 月、10—11 月为东风和东南风。三面环水的地形预示着基地的能量潜力。集群建筑非常结实，足以安装大型涡轮机而不会造成不良的振动影响。

集群建筑也将配备光伏阵。南向开放地区每年每平方米收集的太阳能略高于 900 千瓦时，在某些月份在 30—100 千瓦时间浮动。

沼气驱动的天空公交车悬停在牧地上空的带形平台上

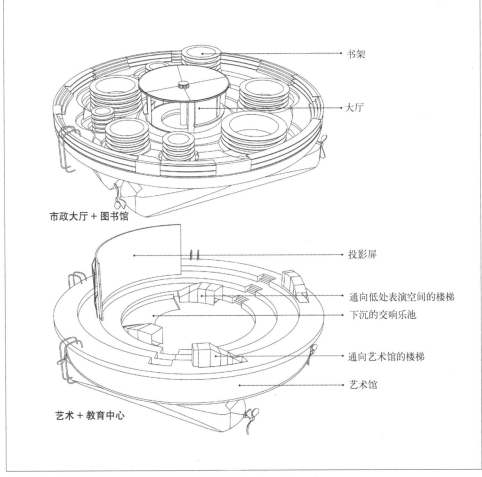

书架

大厅

市政大厅 + 图书馆

投影屏

通向低处表演空间的楼梯

下沉的交响乐池

通向艺术馆的楼梯

艺术馆

艺术 + 教育中心

对面页：居住单元之间的种植街道景观

本页：中心横跨运河，为每个市镇集群提供共享服务的移动中心

后页：斯堪的纳维亚大都市发展区鸟瞰

案例研究 5　都市农业
英国番茄交流中心

"以信息技术为中心的科技革命开始以加速度重塑社会的物质基础。世界各地的经济变得相互依赖，在可变的几何体系中引入了经济、国家和社会之间的新的关系形式。"

——《网络社会的崛起》，曼努埃尔·卡斯特利斯（Manuel Castells），1996 年

公认的通信研究和信息社会权威曼努埃尔·卡斯特利斯认为，全球城市不是指伦敦、纽约、东京、约翰内斯堡等城市，而是指与其他世界城市的类似部分相联系的城市局部。在郊区和农村地区有发达的社会基础设施的地方，大都市的社区往往倾向于远程信息关系网。

现代大都市的社区中心非常罕见。根据 20 世纪早期美国的构想，社区中心是以大部分居民把当地社区看做永久的家园为前提，为聚会、小组活动、社会支持和公共信息交换提供的设施。现代社会的流动性导致的分散性和多样性与传统社区中心建设主旨不符。伦敦等城市通过年度游行和活动庆祝其国际化的精神，但往往都是单一文化的庆典活动，并没有庆祝世界城市种族多样性的并进行文化交流的固定论坛。

番茄交流中心是 21 世纪智能城市的社区中心，位于伦敦的特拉法加广场，采用 16 座闪闪发光的玻璃钟形构筑物形式。这些塔楼的地下空间为制作和享用以番茄为主材的美味佳肴和各种非传统美食提供了场地。每座建筑被藤蔓缠绕的环形阶梯围合，点缀着色彩鲜艳的水果，给人以强烈的嗅觉和视觉享受。

大小迥异、色彩缤纷的西红柿成为文化交流的原料。都市农业在伦敦已有悠久的历史，在世界战争时，胜利花园占据了海德公园和伦敦塔周围的壕沟等公共场所，提供了珍贵的食品。除了努力为战争提供食品，花园还作为具有社会凝聚力的催化剂，诠释出种植和分享食物的价值。

茶色玻璃的升降机厢，好似钟塔守护者的岗哨，是每处建筑顶部的灯塔兼种子库。21 世纪的生态战士——守护者与海军副司令尼尔森雕像共同耸立在空中。

半封闭的玻璃表面收集太阳能以创造理想的小气候，免受风和病虫害影响。通过水培营养系统实现高密度种植，促进 7000 余种珍贵番茄种的生长，确保珍稀濒危株的生存。通过倒置植物一方面可提高作物产量，另一方面可增强从下向

对面页：21 世纪的全球社区中心规划——番茄交流中心

伦敦特拉法加广场上的番茄交流中心

北京天安门广场	耶路撒冷 Safra 广场	莫斯科红场	布拉格老镇广场
贝尔沃斯特，多尼戈尔广场	克拉科夫中心集市广场	奥斯陆市政厅广场	德黑兰阿扎迪广场
布宜诺斯五月广场	伦敦特拉沃尔加广场	巴黎协和广场	多伦多内森菲利普斯广场
伊斯坦布尔塔克辛广场	墨尔本城市广场	比勒陀尼亚教堂广场	华盛顿麦弗森广场

上的视觉奇观，并便于采摘。

固定间隔的同心种植托盘以风琴式的布局形态悬浮在低空中，形成戏剧性的空间剧场。在守护者的监督下，无论老幼、无论是身体健全的人还是残疾人、无论是当地人还是外地人都可以采摘果实，做成沙拉、西班牙凉菜汤、番茄酱、罗宋汤、酸辣酱、果酱、血腥玛丽等。交流中心的守护者也会将苗圃里的种子分送给游客和郊区百姓，他们又会向所在的社区传播和分享种子、水果、食谱、知识和故事，从而创造次级交流网络。

通过在世界其他大城市的广场（如北京天安门、巴黎协和广场、莫斯科红场等）复制该项目并进行全球性传播，使得各交流中心集体成为鼓励社会融合并庆祝种族多样性的国际网络节点。

卡斯特认为，"集体消费"的物质基础设施，如公共交通、社会住房和城市广场与全球虚拟网络之间存在共生关系，而非竞争关系。番茄交流中心作为一种交流媒介，将实体纪念碑转变为有意义的社会空间，在社会商品以及暂住和常住居民就业两个方面发挥了作用。

对面页上：半封闭的玻璃表面收集太阳能，创造一个理想的小气候

对面页中：北京天安门广场和莫斯科红场的番茄交流中心

对面页下（从左至右）：全球公民和当地社区，社会融合和种族多样性的全球网络；倒置的番茄种植

本页：16 座矗立于伦敦城市主广场之上的钟形玻璃塔

后页：番茄交流中心夜景

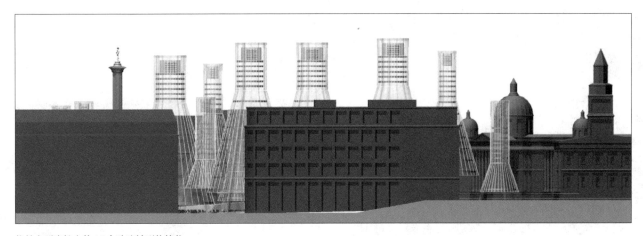

伦敦主要广场上的 16 个玻璃钟形构筑物

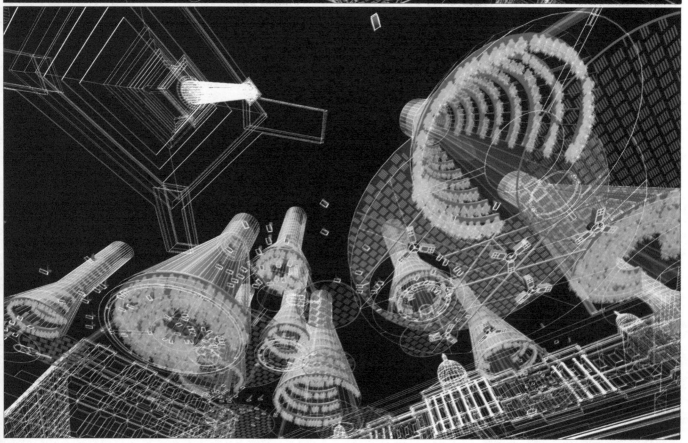

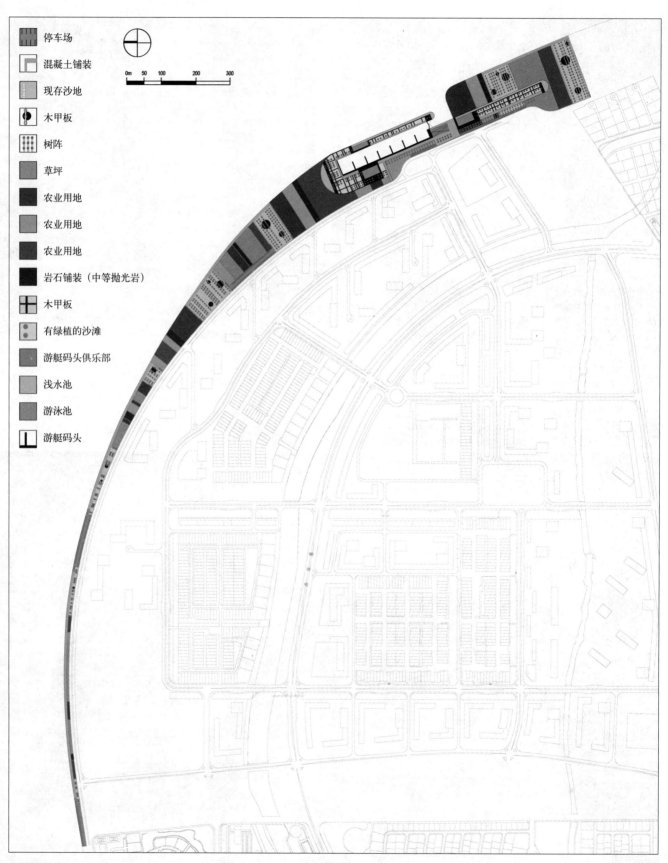

停车场

混凝土铺装

现存沙地

木甲板

树阵

草坪

农业用地

农业用地

农业用地

岩石铺装（中等抛光岩）

木甲板

有绿植的沙滩

游艇码头俱乐部

浅水池

游泳池

游艇码头

0m　50　100　200　300

东逸湾东部滨水区总体规划

案例研究6　都市农业
中国东逸湾东部滨水区

东逸湾东部滨水区位于中国南方的顺德市容桂区，毗邻德胜河，占地约5平方公里，为新建住宅区提供娱乐及都市农业资源。

自1978年改革开放以来，顺德利用其文化和地理接近香港、澳门和台湾的优势，从传统农业发源地转型成为主要制造业中心，并于20世纪90年代被指定为广东综合配套改革的试点城市。

该区位于珠江三角洲的中心，交错的河流环绕并穿越新建的住宅区和学校，建立起水和居民之间的特殊关系。滨水区占地约0.5平方公里，比周边道路低3米，每年受到洪灾影响。虽然可以预测到洪水是在夏季季风期来临，但是滨水区也不适合常规开发。然而，这为创造一种新的混合景观，包括游艇码头、人造沙滩、耕地和湿地野生动物保护等提供了新的契机。

珠江三角洲是一个广阔的冲积平原，可能是世界上密度最高的河流分布区，也是中国最富饶的地区之一。珠江三角洲气候温和，雨量充沛，为种植作物如小

"两栖"农田景观鸟瞰

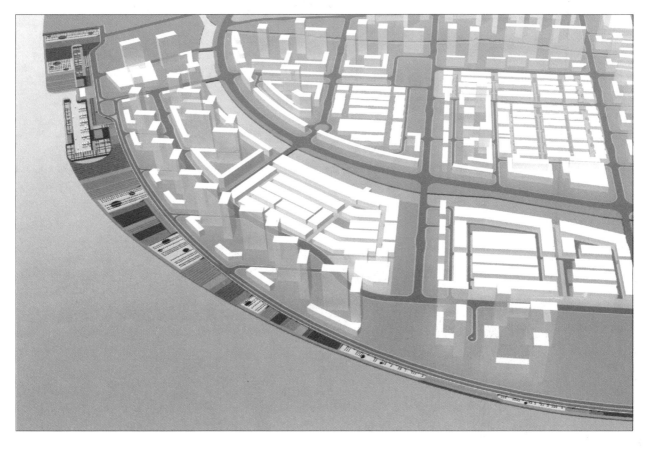

白菜、菜心提供理想的生长条件。由于农田位于广大的低洼平原，因此，带来潜在灾难的洪水转变为通过冲积为土壤带来养分的优势因素。此外，河漫滩支持着丰富的生物多样性——河水带来大量的有机物，促进微生物繁衍进而为土地提供养分。反过来，微生物吸引着以候鸟为食物链顶端的一连串捕食者，如人类研究所关注的鹤与天鹅。

湿地野生动物保护地和农田只是构成水陆结合的社区景观的两种肌理。大量的亲水的观赏草、混凝土步道、河岸花园、沙地、草坪和季节性停车场的硬质地面结合起来，形成异质的、非构筑物的娱乐场地。场地使用耐涝性材料或有机材料，鼓励书法、绘画和野生动物观赏等传统娱乐活动。

更为正式并对洪水敏感的社区空间安排在基地东南部码头附近的高台上，以免受洪水影响。繁重的河道交通和德胜河的水质不适宜游泳，且冬季的河水太冷。为了确保场地得到全年利用，码头和会所周围安置了室外温水游泳池、蒸汽浴、按摩浴缸和潜水设施。泳池有不同深度和温度，水池的视觉将延伸到水体景观。升高平台的其余部分是草坪、人工沙滩、树木、木甲板和半抛光卵石铺地。

滨水区的特点和占地在一年中发生戏剧性的变化。洪泛期间，除了码头外的大部分场地被淹没，形成一种沉思氛围，水面之下的场地和硬质景观依稀可见。洪水退后，将进行甲板清洗和垃圾清除等场地清理活动。然后，在重新恢复活力的地面上播种和种植农作物，野生动物开始繁衍，吸引游客和学校研究团体。到春季和夏季期间，农民收割庄稼之前，游客从遥远的内陆前来旅游。这种状况周

对面页、本页：与野生动物保护地和农田混合的"两栖"社区景观

而复始。

　　在东逸湾东部滨水区这片传统认为不可利用土地上进行的新功能混合景观的应用，仍然是罕见的智能城市比喻的原型。利用自然洪水周期的优势促进当地民众生产是一种可持续的发展。空间上讲，建筑是在人类的占领过程中创造的，大量休闲空间鼓励社会交往。景观具有灵活性和包容性，在同一空间的多个功能可以根据季节调配。在过去，该地区的工业增长在追求经济膨胀的过程中侵蚀和破坏了重要湿地，这个过程需尽快遏制，并恢复和清理国家的水道且保护自然野生动物栖息地。东逸湾提供了一个与自然生态系统共存的模式，这将有益于社会以及环境。

对面页上：洪泛期间的沉思氛围

对面页下：洪水退潮后的播种、种植和清理

本页：泳池视觉延伸到水域景观

后页：一种支持生物多样性的、创新的混合景观

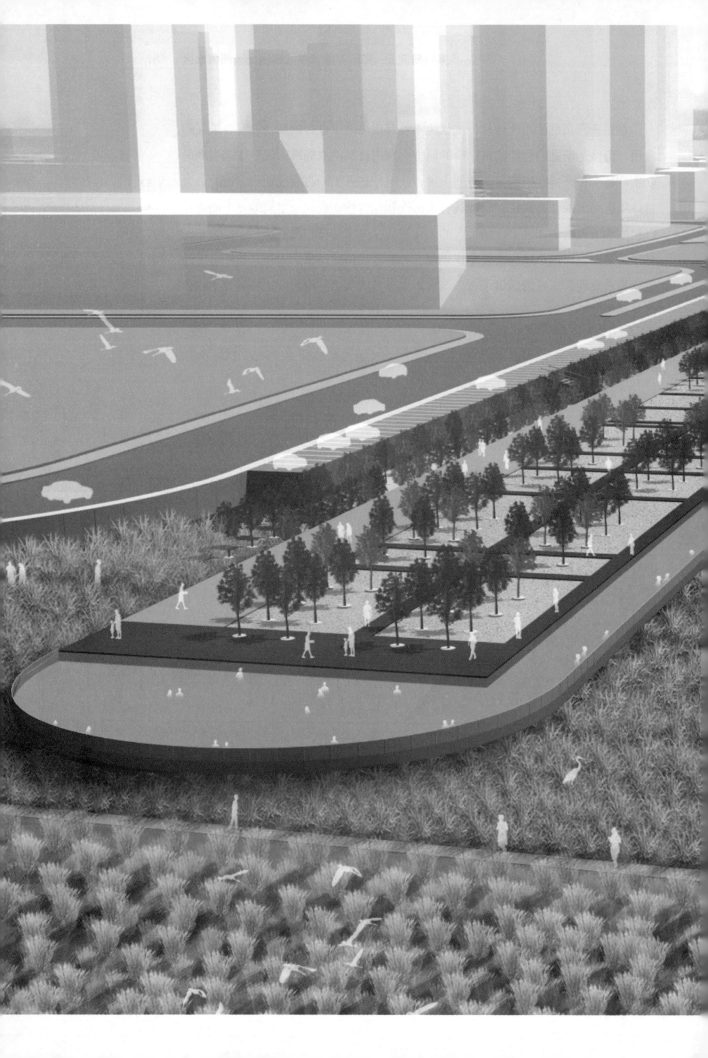

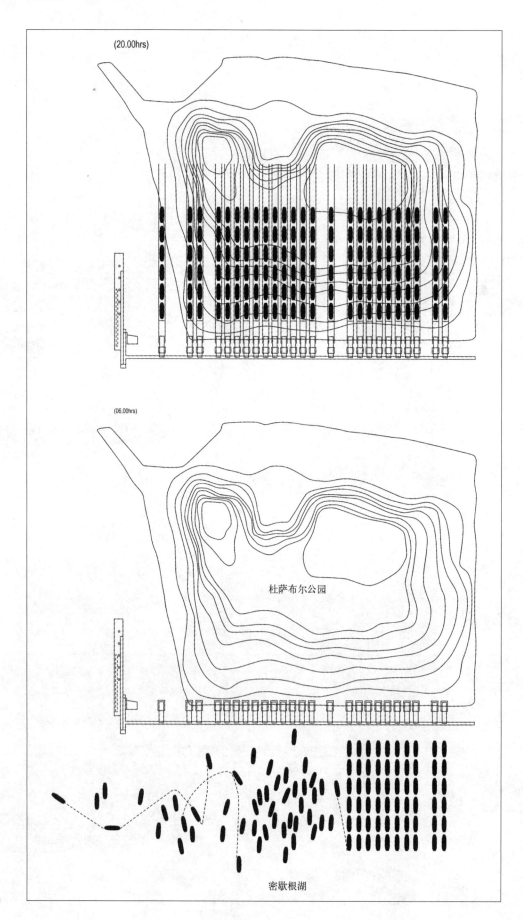

杜萨布尔公园的周期性重构

案例研究 7　都市农业
美国杜萨布尔公园

　　杜萨布尔公园是一个待建公园，占地约 3 英亩，位于芝加哥市中心密歇根湖岸边的一个半岛上。这个半岛只能通过穿越私人领域才能到访。杜萨布尔公园于 1987 年在市长哈罗德·华盛顿管理期间被指定为公园用地。这 3 英亩向人们展示着时间顺序、地理及社会的异常。荒废了二十多年后，基地杂草丛生，成为野花、蝴蝶、鸣禽和流浪汉的领地，并被奢华的私家城市空间包围。2001 年，基地吸引了艺术家劳里·帕尔默的关注，决定邀请艺术家和建筑师构想杜萨布尔公园多种合作表现形式，以激发讨论并游说芝加哥公园区的相关部门采取行动。

　　杜萨布尔公园的名字源于让·巴蒂斯特·普安特·杜萨布尔，一位来自海地，在 1772 年永久定居芝加哥的非土著居民，被公认为"芝加哥之父"。作为纪念杜萨布尔这一关键的黑人历史人物的公园应努力纠正长期特权地位不平等，这种不平等存在于密歇根湖以西的非洲裔和拉丁裔社区与遵从政府在公共空间的高收入发展鼓励政策而垄断海滨的、占主导地位的白种人之间。

　　2000 年 7 月，由于当地居民激烈地反对，将土地租赁给开发机构作为"临时"停车的建议被搁置。随后，有传言说基地受到半衰期约为 1.4×10^{10} 年的放射性

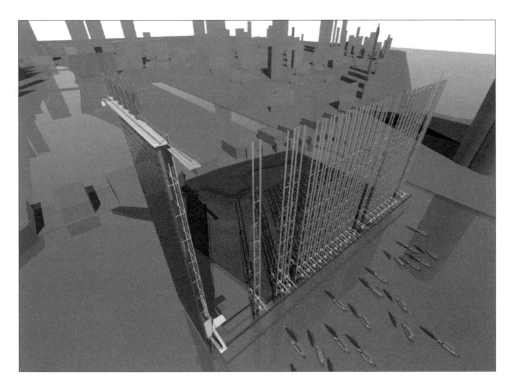

密歇根湖上布置的浮船花园的
公园日景

钍的污染，并将此作为公园管理局难以实现将土地开发为公共休闲空间这一承诺的失败原因。两年后，3立方米的土壤被移除了，污染问题得到解决。

帕尔默指出，"公共空间表面上为公众共享的，但总有些人被排除在外：想稍长时间占用椅子睡觉或宿营几周、在长草丛中偷欢、大声喧哗、种植蔬菜、烤猪、骑着破车兜圈子，或把整个场地作为自己的生态实验基地的人等等。"任何单个关于开发的建议都不可能是无所不包的，除了以下建议：杜萨布尔公园应通过在现有地平面之上架空，形成一片社区景观，以保留杂草丛生的草地以及其丰富的人和非人类的生物多样性，同时作为人类工业活动引起的环境破坏的明确提醒。

这个社区景观是由在水中漂浮的船队组成，船甲板上种满了植物和食用农产品，一座高层植物苗圃和一座吊桥将草地连接到格兰特公园。组成漂浮花园的小艇，象征着对杜萨布尔以及那些对国际大都会作出贡献却被打上种族烙印的后续移民的到来的欢呼庆贺。

每个浮船花园可以出租给地方社区成员，向海滨向其他族裔和弱势群体开放。浮船花园均配备了种植托盘、霜冻防护罩和照明设备，巡游小艇形成了一个可以不断扩张和收缩的公园，展示出多样的非本土植被和丰富的色彩变化。园区逐步发展外来迁徙植物的生态循环，促进新的野生动物栖息地的形成。单个的浮船花园成组锚固在滨水的轻钢码头结构上。白天，通过遥控起重机将浮动花园投放到湖面，将码头结构调整成一个垂直结构，以显露草坪，好像城市周围的吊桥一样。黄昏时结构重新调整为横向位置，收集小船，将其归位。船或由远程导航或由本地居民驾驶入湖。湖上公园的布局变化无穷。

高层苗圃借鉴多风城市的玻璃幕墙习惯，为朝南的玻璃结构。苗圃培育非本土花卉、蔬菜和珍稀苗木、为浮船花园和外围街区提供苗木。通过一个类似摩天大楼的窗户清洁摇篮的垂直农场设备可以接触到每个玻璃苗箱。塔楼结构表面覆盖着水培植物，并提供了眺望密歇根湖和城市的视点。塔楼向整个社区开放，提供了通常只有少数特权人士才能享受的空间体验。

高层苗圃不仅充当杜萨布尔公园浮动花园的入口，还限定了格兰特公园的边界。垂直结构的基础安装了公共清洗设施、园艺工具、材料库、一个可伸缩的开放式甲板市场和一个小厨房。在每个月底的周日，市场上出售从浮动花园出产的新鲜农产品。厨房可以准备野餐篮，食物可以在公园享用。只要有足够的公众支持，那么在晴朗的仲夏夜，以芝加哥市为背景的密歇根湖上浮动花园的进餐场景很可能变成现实。

对面页上：高层苗圃限定了草坪的边界
对面页下：夜晚浮船花园成组锚固在轻钢码头结构上

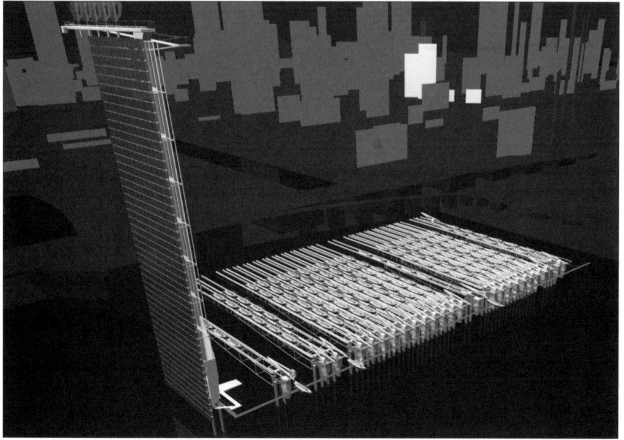

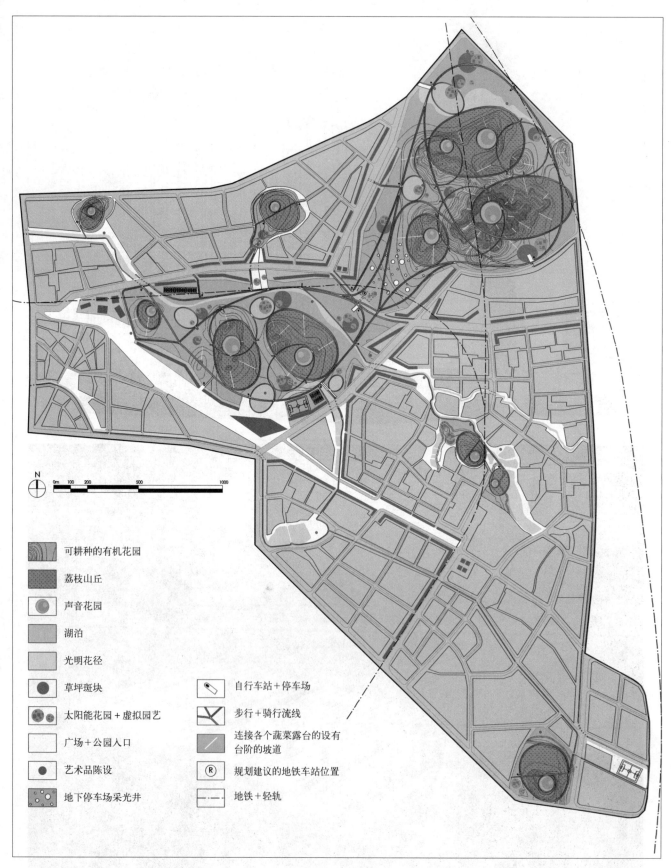

可耕种的有机花园

荔枝山丘

声音花园

湖泊

光明花径

草坪斑块

太阳能花园＋虚拟园艺

广场＋公园入口

艺术品陈设

地下停车场采光井

自行车站＋停车场

步行＋骑行流线

连接各个蔬菜露台的设有
台阶的坡道

规划建议的地铁车站位置

地铁＋轻轨

光明能源公园总体规划

案例研究 8　生态可持续性

中国光明能源公园

　　温家宝任中国总理时期，农业始终占据国家政策的首要位置。总理声称，养活了 13 亿人是中国对世界最大的贡献，这样的说法是有道理的。

　　光明能源 + 艺术公园覆盖了面积为 2.37 平方公里的农林地，从深圳新光明城市的中心延伸至北部。政府要求对以下新关系进行探索：1）城市与绿化带；2）城市生活与公园生活；3）快速城市化背景下的城市发展和生态效应。

　　该公园是创造多种能源的场所，其中之一是生产"人类的燃料"——食品。因此，设计中，场地的农业传统以及当地农业技能和民众生计都得以维持，同时就地为光明居民提供了食粮。与哥本哈根北港湾城市设计方案相似，光明艺术公园 70% 的地面被覆以"耕毯"（Arable Carpet），不同之处在于这里没有海生植被。场地内其余部分的功能包括荔枝山丘、广场、草坪、声音花园和为骑行者和行人设计的小径。基于"少建设"原则，现有绿色区域的各种元素被保留下来。通过对公园功能的重新布置和组合，构成一组组具有弹性和灵活性的景群，使用地更易到达、更受欢迎，并且更加符合生态无害的要求。

公园通过生产食品和可再生能源，保持与城市的协同关系

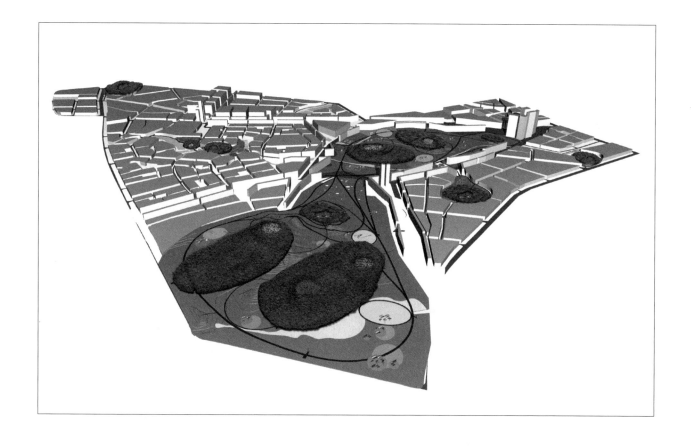

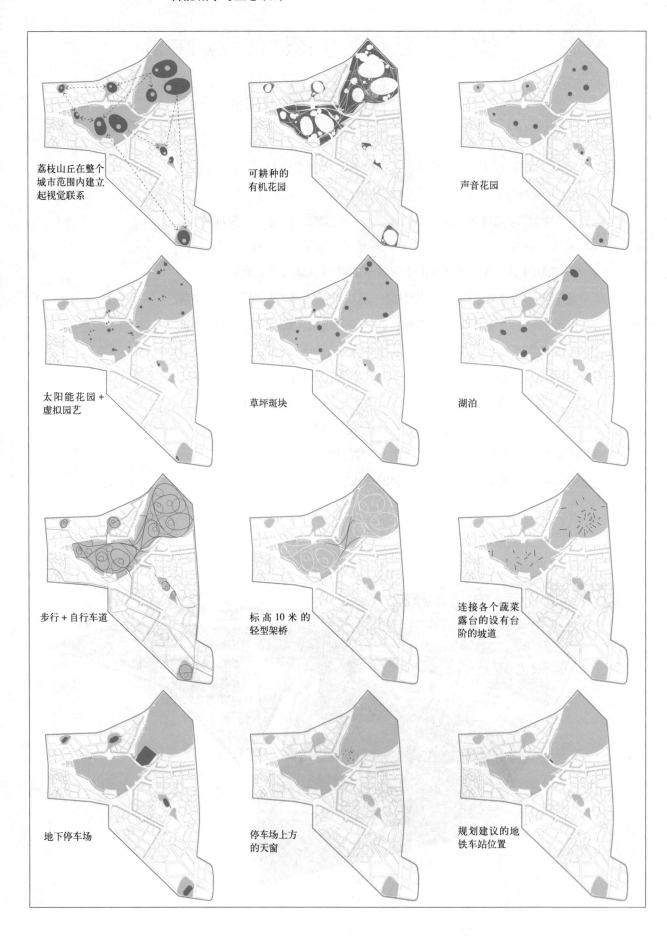

荔枝山丘在整个城市范围内建立起视觉联系

可耕种的有机花园

声音花园

太阳能花园 + 虚拟园艺

草坪斑块

湖泊

步行 + 自行车道

标高 10 米的轻型架桥

连接各个蔬菜露台的设有台阶的坡道

地下停车场

停车场上方的天窗

规划建议的地铁车站位置

公园主园占据了这座新城内的所有绿色空间，并与位于较高地势的 5 个卫星花园相连。在现有地形基础上，利用无法进行生物降解处理的堆埋垃圾将地形重塑，形成遍布城市的农业和休闲网络，以此推行公园的环境和景观战略，并且还有助于新城市特性和意象的形成。这些"绿色波纹"将市政、休闲游憩、农业、文化和旅游设施扩散至更广泛的区域。通过食品生产和太阳能利用，园区内维持着一个多样化的生态系统，并与城市保持协同关系。

这座新城虽然不是无车城市，但也并不鼓励汽车使用。在场地内用地最紧张的中心地区，设有地铁站和地下停车场。通勤者在地下经过自行车租车点之后，然后便可直接进入地上的公园，由南往北或由北往南步行（或骑行）穿过公园，由此减缓了中国城市的过于快速的生活节奏。

深圳市规划局提出公园创新管理策略，建议考虑可行的公私合营模式，即由个人或公司进行绿地认养，负责绿地的建设和维护。这种合作关系对于生产性景观的营造而言是非常重要的，农田被划分为 300 个小地块，并由城镇居民（农民）租用。能源及艺术公园每两年举办一次农耕节，标志着新的园艺活动的开始。地块新租户采用摇奖方式选取土地，前一届园艺比赛活动中胜出的 10 位得奖者将有权利选择续租。这种模式类似于 20 世纪 80 年代的土地制度改革，在当时，乡村的土地以 15 年为一期租给个人，并且允许农民完成协议产额之后出售多余的农产品。

经济活力、社会活力与文化活力

为了与城市发展进程保持一致，光明能源艺术公园需要进行分期建设。地形等高线的塑造利用了回收的惰性垃圾和城市建设中的回填土。现有的农业社区也将会参与新景观的营造，并在公园长期的园艺劳动中承担重要角色。

该方案保留了现有山谷内的条状耕地，并且在山体倾斜面上开垦了更多的土地来用于农业生产，由此扩大了耕地面积。产出的新鲜农产品将直接向社区

对面页：光明能源公园的设施规划

下：公园管理策略示意图

3 万个"菜园彩票"彩民
总计彩票收入 =300 万元

3 万个"菜园彩票"彩民租用土地 2 年：
300 × 24 个月 × 1000 元 =300 万元

用于光明公园维护 & 管理的基金总额 300 万元 +720 万元 =1020 万元

剖面——质感、颜色、声音和嗅觉之旅

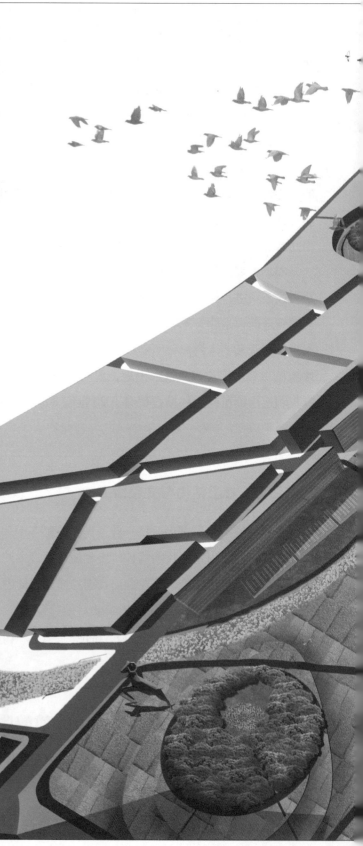

荔枝园和音景花园点缀的"耕毯"

销售，同时农园市场（gardens market）作为农产品和新闻交换的场所，将成为重要的社会空间。每年，公园还将举办荔枝采摘节，吸引附近城市甚至更远的游客来此游玩。

作为全世界最大规模的都市农业推广举措之一，能源艺术公园通过农业观光来创造收入，同时促进城市间的交流，为游客提供了采摘自己种植的农作物、并在当地厨房或餐厅及时烹饪享用的机会。公园也是城市的文化中心，全年举行着各式各样的艺术和音乐活动。城市绿色雕塑、巨型雕塑和数字艺术坐落于农地附近，在联系文化和农业二者的关系上发挥着重要的作用。一系列向公众开放的声音花园和修剪整齐的草坪点缀于蔬菜与荔枝风景林之中，成为了适合于休闲放松和冥想的空间。

景观基础设施

在重塑地形时，该方案采用一种温和的施工方法和智能化的操作，尽量减少对现有野生动物和自然栖息地的干扰。方案利用了惰性垃圾进行重塑地形，并用填石金属框和土坯墙固定，使得原有的湖泊和地形重获生机，进而提供了适当可控的自然空间——吹过水面的盛行自然风对能源公园进行被动式降温。用于教育和研究的"卓越中心"位于"耕毯"的低洼地区，在延续了传统的同时，也提供了休闲设施。环境教育活动包括自然栖息地勘查、观鸟。通过这些活动，鼓励居民参与城市公园管理并从中获益，并在经济上支持自然生态系统的维护。

设计中扩大了场地内原有的水道，形成湖泊和水库；保留了运河，用于巩固现有的水文和水生态系统。增加水域面积是为了鼓励周边地区采取置换通风的制冷方式和桑基鱼塘系统的淡水养鱼方式。

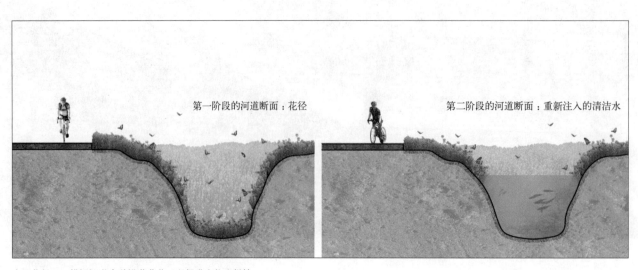

第一阶段的河道断面：花径　　　　　　　　第二阶段的河道断面：重新注入的清洁水

光明花径——排污河道内种满芥菜花，以促进生物多样性

市政府已经表态，目前彻底净化流入公园的茅洲河是不可行的。因此，类似于小动脉的各水道之间不得不用水闸隔断，在水道内种满花卉。一条长满植物的旱河将流经能源公园，丰富的色彩和生物多样性将蔓延至整个城镇。将来，一旦茅洲河水质被净化，水闸将被停用，然后河流将遵从自然法则演进。

中国的公共艺术在过去已经被高度政治化，无论是在共产党赞助下建成的官方形式作品，抑或是与一党专政相对应的街头艺术。光明公园将提供一个可以超越政治立场来探讨新艺术形式进而展示周边环境景观的论坛。主题方面，将按照克拉斯·奥尔登堡（Claes Oldenburg）和杰夫·孔斯（Jeff Koons）的方式与规模进行实验性装置，并邀请社会民众参与创作。城市尺度的绿色雕塑散布在整个公园内，并且随着季节变化呈现出不同的景色，反映了农耕文化以及光明地区的传统。

声音花园以及城市卫星花园之间的视觉联系

散布在耕地中的都市绿色雕塑

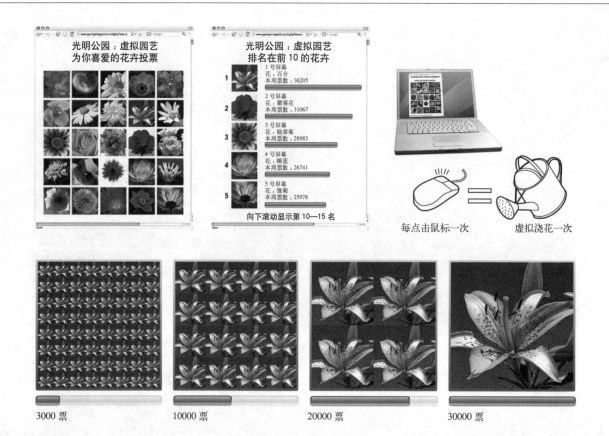

3000 票　　　10000 票　　　20000 票　　　30000 票

　　方案中还设计了与真实世界相对应的"虚拟花园"。作为富有活力的新文化景观的一部分，该方案鼓励光明城市居民网络在线选择植物配植，选配结果将在大型数字屏幕上显示。电子屏幕的背面安装了太阳能板。白天，屏幕折叠成水平方向，作为遮阳设备，并同时利用光电池收集太阳能。当夜幕降临时，屏幕旋转到垂直位置，展示出一个发光的花卉奇观，同时能够照亮步栈道，减少犯罪发生率。一旦投选结束，市民可以虚拟地灌溉自己的花卉，看着它们成长。两周后，图像将会复位，并重新开始新一轮的投选。

　　声音花园同样散布于整个公园，创建出一个多感官体验的环境；它们位于木栈道一旁，为游人提供沉思冥想和观察特色植物的空间。每个声音花园都有自身的特点，植物的颜色和气味都有所不同。各个花园大小也不同，依据场地地形和周围环境，音乐风格亦有所不同。声源分为自然有机和人工机械两种类型。

可达性

　　公园周边的各个入口处都设置有广场。广场的服务功能包括寻人会面，信息咨询，同时也是创意和休闲类的居民活动空间。石材铺面是这些空间的重要主题，为太极拳、水书法、诗歌朗诵和象棋等传统娱乐活动提供了适合的舞台。

　　城市停车场位于能源艺术公园和卫星公园的地下。设计鼓励游人和居民放弃小汽车，转而利用广泛分布的自行车道网络，以促进环境友好型绿色城市的建设。作为自行车租借点的玻璃幕塔被布置在关键节点，市民使用自行车时，仅需支付一笔可退还的定金。为了只占用很少的地面面积，这些塔采用了一套旋转机械。在夜间，它们可成为照明灯塔。

公园管理

　　太阳能光伏板利用该地区丰富的太阳能收集能源，用于支持公园的低能耗照明系统。公园内设计了四种类型的照明环境：[1] 广场和入口处的灯箱和嵌地式配件；[2] 荔枝果园内的上射灯；[3] 步行和自行车道上的 LED 条形灯；[4] 自行车租借塔和地下停车场的荧光灯。

　　由于配置了农民可租用的农业用地，公园下垫面的维护成本得以最小化。此外，公园中心处地铁站附近设有一间公园管理者用房。公园维护费用的来源是"耕地彩票"的资金和土地的租金，主要用于疏浚和湖泊维护、树篱和绿色雕塑的修剪、草坪维护、树叶收集、电器维修和日常清洁等。

对面页上：虚拟园艺

对面页下：太阳能板背面附有室外展示屏幕，同时也是用作虚拟园艺的数字屏幕。

后两页："绿色波纹"将市政、休闲游憩、农业、文化和旅游设施扩散至更广泛的区域

案例研究 9　生态可持续性
中国南油城市客厅

　　南油购物公园位于深圳市南山区，是一个占地 0.5 平方公里的公私合作性质的综合开发项目。由中国深圳市规划局和金龙房地产公司、富安娜公司联手合作，旨在将商业活动、居住与公共绿地融合于一体。

　　南油购物公园的设计概念依循传统风水的观念，其形态是一个寓意吉祥的"金碗"，象征着健康和繁荣。

　　场地原是被多座高楼大厦包围的公园用地，公园内散布着一些缺乏管理维护的矮树篱、硬质地面和破旧的小木屋。为了给场地注入城市活力，当地政府将土地出售给两家私人机构，同时保留少数股权，允许他们开发一个融合商业、办公、住宅、酒店公寓于一体的购物中心，同时要求创建宜人的绿色空间并负责维护工作。另外，附属的规划要求还包括建设一个由社区艺术中心、带状体育公园和在现有基础上进行更新改造的学校组成的"文化圈"。

对面页：南油城市公园总平面

下：致力于整合公共绿地和多用途空间的公私合作计划

　　该项目包括了一个城市住区的所有要素，与勒·柯布西耶在马赛提出的居住单元概念类似，可视为一个现代版的光辉城市。不同之处在于这个项目的产生是由于经济压力，而非乌托邦的理想。虽然项目采取村落景观的形式只是试验性的，并且这种高密度分层的生活方式在西方备受质疑，但在远东地区却相对普遍，基本上不存在破坏和反社会行为的问题。

　　从物质空间上讲，村落景观是城市的绿色城市客厅，从北侧南海路入口广场开始逐渐向上坡起，曲折迂回，形成一个飘浮的裙楼。建筑没有选择与场地周围的高楼比高，相反，"金碗"采用水平连续的流体线型，用景观将分离的各个建筑单体联系起来，以打破周围高楼对场地的垂直控制力。

　　向公众开放的景观，包括中央公园等，延伸至特定的建筑区域内，其余则为私密空间。公共空间和建筑的非典型关系改变了政治经济的流通模式（Politics of Circulation）和空间计划——一系列桥梁和坡道将公园与商店、公寓和写字楼紧密连接于一体。斜顶的裙楼和公园的东部边缘，设置了停车场、百货公司和商场。庭院西侧的地下室是一个灵活多变的带状文化体育区，包括一个可移动的艺术画廊和一些体育设施。新的景观发展计划也直观地描绘了现有学校的未来。在公园内，树木和花卉斑块为市民的休闲娱乐提供了遮阴纳凉的声音花园。5 个公共游泳池、水花园和广场进一步为游玩和纳凉提供了舒适的小气候。

　　居家办公、公寓和酒店等 9 座高度不一的中高层建筑由一条绿色的飘带平台串联起来。这个平台是一个专供住宅、办公和酒店使用的私密型公园，飘浮在整个项目的上空。在这里，无论是慢跑，打太极拳，或只是放松，均可欣赏到壮观的美景。此外，平台还包含了顶层公寓、长住式酒店公寓、一所俱乐部和一个全景式会议设施，不过在剖面结构上，方案还需要进一步分析。

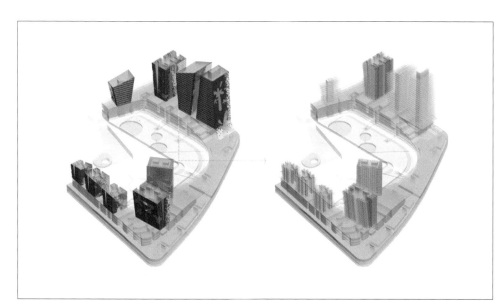

对面页上：城市客厅鸟瞰

对面页下：由私密型花园构成的绿色带状平台飘浮在公共中央公园的上空

本页：9 座中高层建筑坐落在商业裙楼之上（左）；经过立面装饰后的建筑

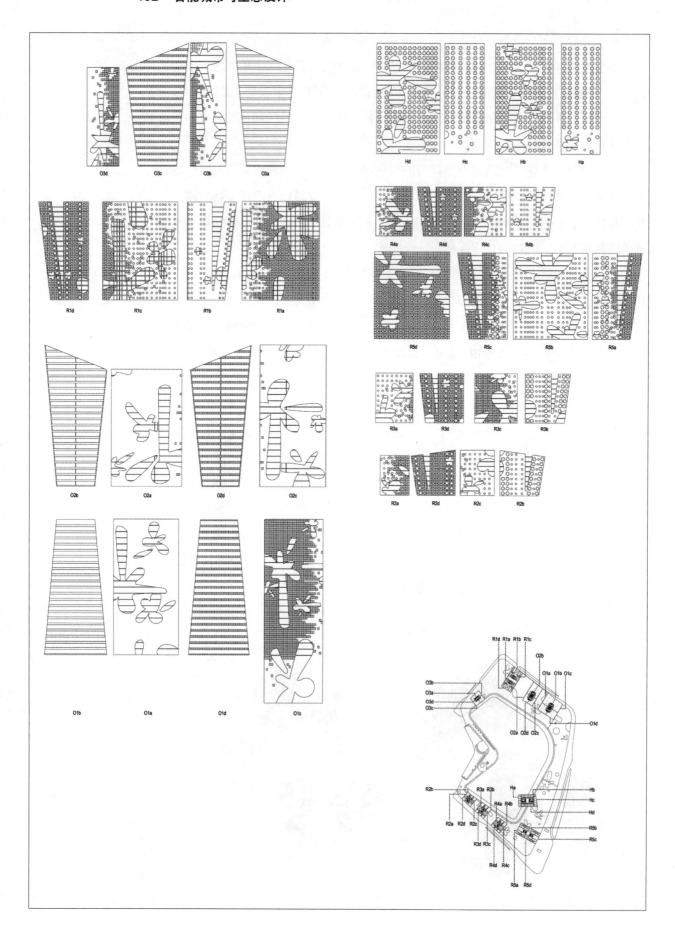

规划层面的考虑

—所有权的灵活性：项目开发的关键策略是为私企客户提供最大的灵活性，允许所有权和使用权的变更。每一地块的所有权可以很容易地被划分为四份或进一步细分，公园和入口广场由深圳市政府维护。

—经济空间规划：所有建筑单体的内部布局都经过有效设计，用最简洁的地面设计提供最大的面积，同时允许使用阶段布局的灵活改动。战略上，特意设计的竖向缝隙纵切塔楼，有利于通风、自然采光和视线通透。住宅布局引入了双层高的花园平台，将绿色景观引入建筑室内，并鼓励社区活动。

—建筑装饰：建筑外立面设计直接响应环境战略。在南侧、东侧和西侧立面，都镶嵌有收集太阳能的太阳能电池马赛克，并在美学上与喷粉金铝板之间构成充满动感的对话。朝南的开口外部设有百叶窗，以尽量减少太阳能热辐射和眩光。同时，以核心筒为构造中心的楼层设计为客户和将来的业主修改单个建筑物外立面保留了余地。提案中，城市尺度的花朵图案抽象地表达了栖居于一个庞大的园林庭院中的愿景。

交通组织

—空间可渗透性：在地面层，裙楼内线性排列的商业店面和可移动的画廊都允许从场地四周向内部中央公园的视线高度渗透。这将最大限度提高进入建筑以及穿越公园的人流量。

—主入口：依据规划部门的规定，建筑面向南海路的入口需达200米宽。提案通过连续的空中绿色飘带平台形成纪念碑式的门户，即"金碗"的主入口广场。作为该综合体面向城市的主要立面，入口广场的金色表面折叠成核心写字楼的连续立面。在裙楼的南侧，烫金电化铝的表面延伸至公共绿色景观。

—车流：在场地的四周，有4个停车湾，来访人员可以便捷地使用小汽车和出租车。双层停车场提供了4000多个车位。在人流相对较少的场地西侧，也有几处公共停车场的入口，从而缓解两条主干道（南海大道和创业路）的交通拥堵状况。

—行人交通：裙楼和天台的景观非常吸引人，并且与可供放松和社交区域的步道连为一体，具有很高的可达性。在地面层，主入口和外围拱廊提供了进入综合体和中央公园的多个入口。此外，设计中布置了室内和室外联系的交通核心，商店、公寓和写字楼因而具有便捷的可达性。

对面页：建筑立面——回应环境绩效的一个关键设计策略

后页：规划部门规定的大门足够宽，使得城市与中央公园的可渗透性得以最大化

结构

　　整体建筑结构主要包括三个部分：基座、住宅单元和屋顶露台。建筑的地下层（停车场）、首层和第二层采用传统的现浇钢筋混凝土结构。圆柱支撑的无梁楼板承载了上层建筑结构的所有负荷。横墙、楼梯和电梯筒用以抵消横向受力。开挖区域四周设有连续灌注桩墙构成的挡土墙。整个平面通过设隔离缝划分为 6 个区域。基础采取桩基础和板式基础相结合的方式以承载负荷。

　　裙楼之上，9 座垂直的建筑物采用大跨度预应力钢筋混凝土无梁板柱结构。钢筋混凝土的侧壁和核心可增加横向稳定性。临街的建筑外墙和内部庭院的外墙采用轻质幕墙覆面。

　　酒店采用由钢筋混凝土楼板、墙面和核心组成的单元式结构。相仿地，住宅单元由无梁楼板、柱和承重墙组合而成。

　　建筑物较高的楼层、屋顶以及屋顶平台都采用复合钢框架和轻质混凝土板。与层高一致的桁架跨越于各个建筑的顶部两层楼之间。坡道起着支撑各建筑间平台和拱廊的作用。

施工顺序

　　首先，需要进行工地清理，然后架设承包商的设备和工棚。打桩工程将包括地面安装连续钻孔桩壁。之后进行土方挖掘，建成可防水的钢筋混凝土地下室区域。停车场区域采用标准型钢，具有建设快速和造价经济的双重优点。主楼层采用现浇钢筋混凝土，之后进行装修。

　　至于建筑塔楼部分的建设，首先采用滑膜技术建造垂直交通核心及其侧墙。然后浇筑地板，待固化后，采用后张法预应力大跨度构件。所有塔式建筑各自独立，将同时进行建造。

　　建筑上半部分为钢框架结构。每座塔式建筑外墙都向外倾斜，形成"平衡悬臂"。整个屋顶框架连接为一体之后，再添加各层地板，最后完成建筑外围护结构工程。

对面页：垂直方向多个分层的绿色空间促进了人与人之间的互动

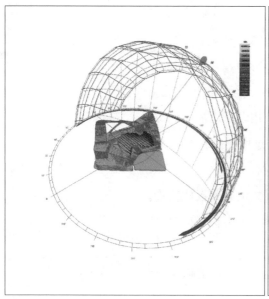

日照分析

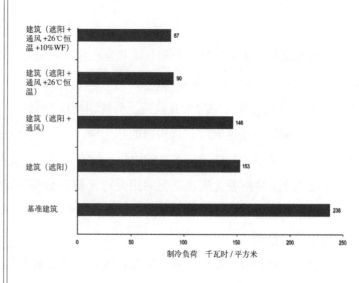

不同建筑类型的全年制冷负荷

环境战略

环境战略中，通过技术改进与全面总体规划相结合的方式以最大限度提高能源效率。包括为未来租户尽量减少运行成本以及最大化能源效益的方法等。

深圳市一年的舒适温度范围为 20—28℃。在室内，全年大部分时间不需要使用机械系统，便可以达到热舒适标准。因而，规划采取被动式策略，以尽量减少空调的使用。该地区可用的被动式设计策略为鼓励减少热吸收，并通过建筑结构加速多余的热量消耗，减少制冷需求。主要采用以下互补式战略：

（1）太阳能控制：控制建筑得热，主要通过独特的建筑开口形状、整体和局部两个尺度的遮阳构造，以及透明和不透明的表面光学性质的细致设计。

（2）自然通风／透气性：非紧凑式布局有效地引入穿堂风；窗口采用经计算后确定的最佳大小，并且顺应风向布置；通过露天庭院和过渡空间的形式将内部与外部环境联系在一起。此外，通过风压通风和烟囱效应（热压通风）两种途径，加强自然通风。建筑物垂直方向的天井或核心空间运用风压与热压平衡的通风方式。

（3）散热器：运用自然空气、水、地面和建筑物质量等多种方式实现散热。屋顶绿化、庭园等多种绿化形式，以及可换气的双层立面和屋顶都有利于散热。此外，通过屋顶水池和景观水体的运用，实现间接制冷。

（4）热惰性：围合内部空间的墙体和其他垂直表面均采用热惰性较低的材质。这样允许热量的快速散失，并且在一年中气候宜人的时期，空气可以作为天然的散热器。

　　通过采用混合模式的冷却方式，大幅度减少了能源需求。在商场区域，机械制冷仅用于商店和办公室，并且以采用自然通风的人流流通区域作为缓冲区。在居民区，太阳能驱动的风机加速空气流通，减小空气湿度，这样即使在气温较高的时候，仍能提供较好的热舒适感。

　　天然采光的有效运用，降低了对人工照明的需求，从而减少电力消耗以及由于电力生产导致的二氧化碳排放和综合体的冷负荷。考虑到深圳地区可获得的天然光照度，1.7%—2.9% 的采光系数已经足够提供室内活动所需的 300—500 勒克斯的照度水平；室内照度过高反而会导致过热和视觉不适。因此，开口的大小、几何形状和位置，以及房间表面的反射率是主要的设计控制参数。考虑到地段位于深圳地区，良好的采光策略包括附有设计巧妙的遮阳构件的采光口、将光照引入平面内部的附遮阳构造的天窗、为镶有玻璃的构件选择适当的涂层等。

整个场地的能源考虑

　　方案运用了地下蓄能技术，以满足项目的制冷需求。包括地下空洞、含水层储能（ATES）或钻孔蓄能（BTES）等多种形式。技术的采用极大地降低了能源和环境成本。在没有含水层的地方，将建造使用钻孔和封闭循环的地下热交换器。

　　除了减少能源需求之外，还运用了低碳和可再生能源技术，包括太阳能热水和太阳能光电。公寓和酒店等混合用途的设施需要大量的热水供给，加之室外有充足的太阳辐射，非常适宜设置太阳能热水装置。同样，丰富的太阳能资源、建筑物的高度和朝向、坡面屋顶造型，都是使用太阳能光电的理想条件。地区年均入射的太阳辐射量为每平方米 2000 千瓦时，是世界上太阳辐射量最高的地区之一；1 平方米的光电板每年约生产 200 千瓦时的电量。经济方面，需要考虑光伏发电的成本评估，并且其投资回收期较长，可能接近 40 年。不过，当建筑外立面上的百叶和遮阳构件增加一倍时，光伏电板将更具有经济吸引力，同时为低环境影响的建设承诺提供一个清晰可见的例证。

特定空间的能源考虑

　　商业区域采用了两种不同的制冷策略。店铺区采用严格控制的制冷，一年365 天温度值变化幅度有限。采用自然通风的人流流通区域可控制在更高的温度，并可获得来自店铺区域和地下停车空间的冷气。通过采用这种控制策略，流通区域制冷能源需求和运行成本极低。同时，在室外环境和店铺区域之间，提供了足够的热过渡空间。另外，流通区域的低能耗照明提供了足够的照度水平，并且不同空间之间又有差异。这种方式最大限度地减少了能源需求，以及照明系统产生的制冷负荷。

通常情况下，公寓采用自然通风模式，只有在极端环境温度期间才会使用空调。冷却策略将能源需求降低至传统建筑的三分之一。含水层储能（ATES）或钻孔蓄能（BTES）系统提供低成本的冷源。并且，ATES 或 BTES 系统具有高能效比，可以进一步减少能源消耗量。为防止过热，所有的空间均提供了足够而不过量的低能耗照明。酒店比公寓楼拥有控制更为严格的制冷基础设施，但仍受益于遮阳和通风的制冷作用。

由于写字楼区域为白天使用，室内的用户、设备和照明将产生相当大的热量，与公寓相比，需要更多的冷能。尽管如此，与传统的建筑设计相比，节能仍高达40% 左右（不包括通过 ATES 或 BTES 系统实现的节能量）。

美术馆区的空气湿度和温度控制系统可确保温度不会发生显著的变化。照明调试至适当的水平，同时解决了眩光问题。眩光的产生常常是由于建筑立面没有依据环境因素找到最优化的设计。

健身房和会所区域由于锻炼中的用户释放更多的热量，因此有更高的冷源需求。通过区域的风机辅助冷却和 ATES / BTES 系统提供冷源，以减少制冷能源需求。室内采用中等水平的自然采光，即可实现充足的照明。

设计中，流通区域一般被视为室外和长期使用的室内之间的过渡空间，需要采用更为严格的冷却控制策略。考虑到这一点，设计为从外面进入大楼的人提供了"热适应空间"，与其他当地建筑"热浪迎面而来"的感觉截然不同。只要有可能，周围的空气便会在自然力作用下，穿过室内空间。此外，室内外照度的变化创造了有趣的空间层次，并减少因人工照明产生的能源需求。

停车场的通风采用低能耗的方式，即低速被动通风系统。此外，亦有提供足够的低能耗照明。

室外，公园里的树木提供遮阴纳凉之处，满足了舒适空间的基本要求。此外，通过水池下方的混凝土迷宫网络输送的冷空气，将会在座椅周围形成口袋形的制冷区域。

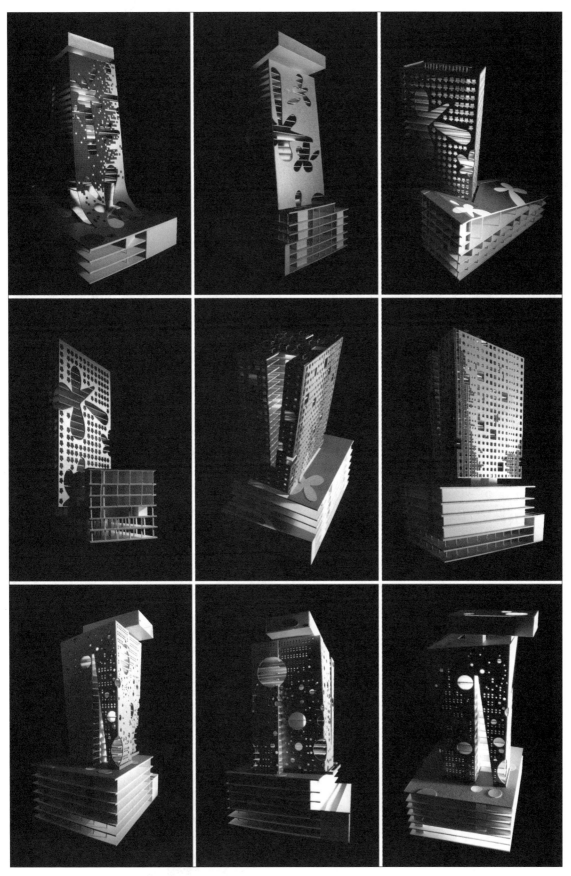

立面处理——太阳能电池马赛克在美学上与喷粉金铝板和城市尺度的花朵图案之间构成充满动感的对话

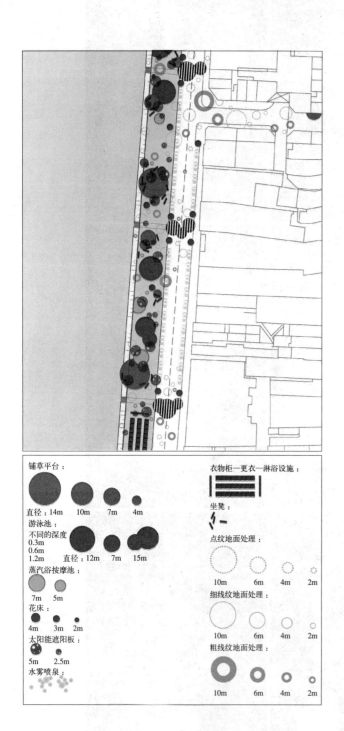

铺草平台：

直径：14m 10m 7m 4m

游泳池：
不同的深度
0.3m
0.6m
1.2m   直径：12m 7m 15m

蒸汽浴按摩池：

  7m   5m

花床：

4m 3m 2m

太阳能遮阳板：

5m 2.5m

水雾喷泉：

衣物柜—更衣—淋浴设施：

坐凳：

点纹地面处理：

10m   6m   4m   2m

细线纹地面处理：

10m   6m   4m   2m

粗线纹地面处理：

10m   6m   4m   2m

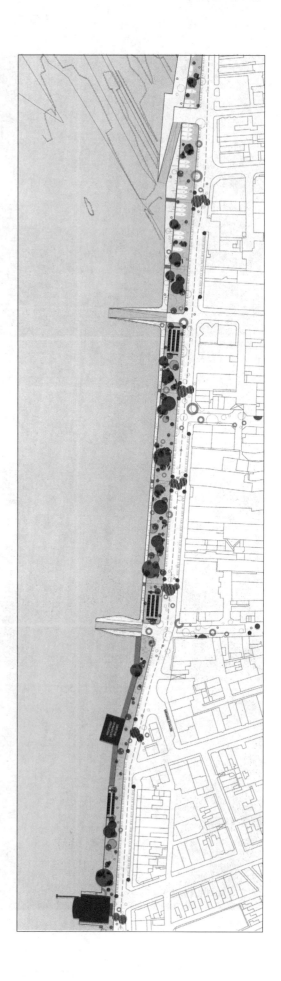

案例研究 10　栽种社区
英国雷德卡海滨开发

你是否看见溅洒至岸边的波浪中
泛起泡沫的那一抹白？
你是否感觉到在你的脚趾周围打旋的漩涡
和那欢快的笑声。

你是否听见温柔的嗖嗖声，
当海浪冲刷着大小不一的石头？
你是否听出他们谱写出的音乐，
当海浪淘洗着贝壳？

——《波浪》，帕姆·拉梅齐，2003 年

　　雷德卡是一个位于英格兰东北部蒂斯河谷地区的滨海小镇，人口约 4 万。雷德卡位于米德尔斯堡的东北偏东 12 公里处，最早在 14 世纪时期是一个渔业社区。在 19 世纪中期与米德尔斯堡之间的铁路修通之后，成为了广受欢迎的维多利亚旅游度假区。至今，雷德卡每年仍然吸引主要来自英格兰北部和苏格兰低地的约 120 万游客，但是，由于地方产业的衰退和度假模式的改变，雷德卡旅游也受到影响。在冬季的几个月里，海岸几乎无法吸引游客前来度假，此外，城市结构也遭到持续性恶化、周边地区蚕食，以及私营部门的低水平投资等负面影响。

　　在 2008 年，雷德卡和克利夫兰市镇理事会与环境局合作，委托设计方通过对超过 1 公里的海堤（沿海防御计划的一部分）的景观塑造，对雷德卡海滨区的复兴提出建议，并通过引入新的相关企业，振兴该地区，使其再次成为一个旅游目的地。

　　作为一座拥有不停变幻的光和天气的舞台，绵延几英里的海岸映射着大海和天空的情绪，雷德卡的过去和未来都与海岸有着特殊的关系。人们常常忘记，将日光浴和海水浴视为健康和休闲活动的海边度假方式起源于英国，随后才传遍整个大英帝国。19 世纪上半叶，城市快速扩张之初，英国的海滨度假笼罩着过时的媚俗气息，成为了富有异国情调的温暖的外国海岸的牺牲品。有意思的是，正是这一时的时空错位，恰巧可能成为雷德卡的救星。人们对孩提时代的怀旧情绪

对面页：雷德卡海滨开发的总体规划及局部放大

以及对海滨的不可预期的激赏在不断滋长，即便不总是那么美好，因此，海滨复兴必须在适应变化的同时，充分挖掘维多利亚时期的遗产。

雷德卡地区的再开发强调提供全年可进行且随季节性变化的休闲活动方式，以加大当地的社区受益，并创造投资机会。英国的天气限制了海中游泳的季节，即使在夏季，水温也可能是有些冰凉刺骨的。因而，环境的可持续发展可在这里发挥一定的作用。食用本地农产品以支持当地农民的策略已经得到成功的推广，与此相似，我们必须找到一种可促进本地度假的运动，以最大限度地减少空中旅行。为了延长水上活动的季节，并保持相对稳定的游客量，提案将采用太阳能集热和储热来加热滨海人工游泳池和沿滨海大道布置的更衣室。除了海水浴之外，还附有一系列如舞蹈和音乐等传统或非传统的活动。

沿着长廊，布置有一块块可供公众使用的圆形区域，方便年轻人和老年人进行户外活动。这些圆形元素构成一种灵活的模块，包括游泳池、蒸汽浴、按摩浴缸、酒吧和更衣设施、太阳能光电顶棚、座椅和草坪、花园和音乐等。

在夏季，这些公共设施因为游客的使用逐渐变得充满活力，并与海面、沙滩和其他传统活动互补；在一年里余下的时间，它们自身便会成为主要的旅游景点，延长了具有夏季气息的户外环境，有利于当地企业的收益。圆形元素的分布可以是不断变化的，随着时间的推移，到资金允许和需求增加时，数量会进一步增加。模块包括以下内容：

— 游泳池、蒸汽浴和按摩水疗池：这些设施可以一天 24 小时运作，并提供冬至时期享受在温暖的室外游泳池中畅游的乐趣。游泳池深度和温度有所不同，适合所有年龄段的人群使用，并且采用高品质的钢筋混凝土建造。通过碳化增强的合成纤维来减小磨损。表面抛光处理将采用脱水、蒸汽固化、打磨来进一步提高混凝土的耐候性能。光滑的表面和碱性物质环境有效地阻碍了有机物的生长。

— 舞池和溜冰场：每月内的某个周末，在对游泳池进行排水清洁时，空出来的场地将作为下沉的舞池使用。场地同时适用于露天迪斯科和交谊舞，促进各个年龄阶层之间的互动。在冬季，其中的一些混凝土圆形区域变成溜冰场，与蒸汽池并置，格外引人注目。

— 衣物柜—更衣—淋浴设施：铝合金结构和织物状壳体支撑的设施沿着长廊分布，每两间酒吧之间有一处。所有屋顶构件都是预制的且容易拆除的，拆除后留下由凹陷的地表面和地面标记组成的景观。酒吧工作人员同时兼任保安人员。

— 音乐花园：在长廊上空的环形花园，为公众聚集和聆听由专业人员和业余爱好者的演奏提供了广场空间。

— 玻璃防风墙：海堤上方加设钢化玻璃幕，既起到防风和防浪作用，又不阻挡眺望海和地平线的视线。长廊也成为一个新的有效的庇护所。

对面页上：一个灵活的海滨模块，包括蒸汽浴、按摩水疗池、酒吧和太阳能光电顶棚

对面页下：蔓延的蒸汽模糊了镇和海滩之间的界限

— 照明：富有情调的但并不明亮的照明铺满悬空花园下方的水池和地面，同时光伏顶棚从上面直接照明。更具戏剧性的功能照明采用了"手指"形状的荧光，界定新海堤的存在，并随着海浪的节奏有规律的跳动。

该提案的主要特点在于大胆的图形处理，划定了储船区和路边停车区域。相互咬合的蒸压混凝土砌块铺砌成各种代表未来装置的图案和数字，构成了硬质地面。每当夜幕降临时，表面图案和紫外线涂料发光处理的地面延伸至雷德卡商业中心，活跃了地段的氛围。

游泳池的加热则是通过滨海大道和遮阳顶棚表面的太阳能集热器和蓄热装置实现的。海滨长廊的铺装下面铺设了绝缘层，绝缘层覆盖了整个采暖管道网络；更衣设施、遮阳顶棚和过滤（或水处理）设备均附有低温条件下仍可运作良好的真空管太阳能集热器。在冬季，每一个游泳池需要面积为 200 平方米的太阳能集热板，也就是说，平均每个游泳池需要消耗 20 千瓦，以使温泉池温度维持在 30℃，其他游泳池维持在 25℃。在春季和夏季，热量非常丰富，每平方米收集的太阳能约为冬季的五倍。在夜间游泳池关闭时，可使用绝缘罩来保持水温。

咆哮的海浪回荡着童年的笑声；音乐透过泳池上方的蒸汽飘向远处；骑驴、冰淇淋、棉花糖和雷德卡的岩石：这些都是记忆与期望，也是传统与新生。重建计划采用可持续技术重新营造与子孙后代共享的怀旧传统，代表着一种文化乃至小镇的复兴。

你是否见过那狂浪来袭，
如野兽一般，阴郁昏暗？
轰鸣声中，他们碰撞，
拍打着岩石，浪花四溅。

你是否见过阳光闪耀，
舞动在碧波之上？
闭上眼睛试想一下，
你也在那里，翩翩起舞。

对面页上：该地区的再开发强调提供全年可进行的且随季节性变化的休闲活动方式，以加大当地社区受益，并创造投资机会

对面页下：清空的游泳池作为下沉的舞池

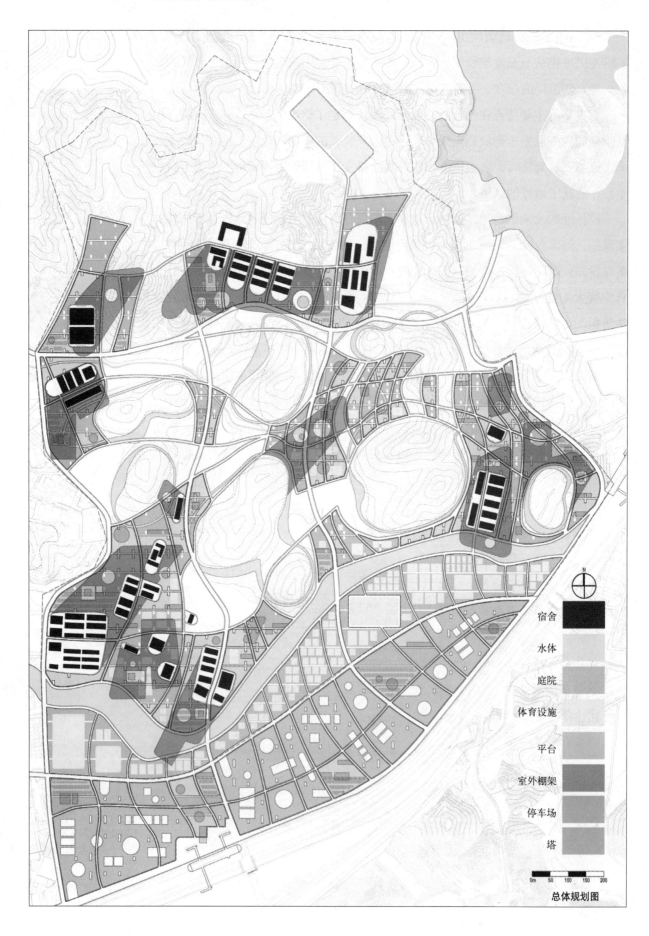

宿舍

水体

庭院

体育设施

平台

室外棚架

停车场

塔

0m   50   100   150   200

总体规划图

案例研究 11 培养社区
中国南方科技大学

　　中国南方科技大学位于深圳经济特区，自成立以来，已经经历了 29 年的快速发展和规模扩张。在 2007 年，当地政府确定，该大学存在进一步发展成为高水平教育设施的需求。于是，政府计划将其扩建成为一个学生规模为 1.5 万人的高水平研究型科技大学的校园，并成为新建的南山区西丽大学城的标志。

　　南方科技大学北依羊台山，东临长岭皮水库，占地约 200 公顷。丰富多彩的景观是校园的一大特征，规划需要尊重现有的生态系统，采取谨慎敏感的规划方法。规划基于建立开放型学术社区的概念，将城市社区引入校园生活，并建立起二者之间的互动关系，从而提高土地利用效率，减少新设施的建设需求。

　　现有的土地利用类型主要包括工业、服务和市政设施，虽然场地中的多数厂房已经不能再满足生产需求，处于废弃或闲置状态。但是，其中仍有相当大一部分的厂房和村落老房子的结构状况良好，尽管它们没有多少建筑艺术价值可言。规划决定在部分保留场地原有生活方式的同时，引入新的组织结构。所采用的具体方法是将地段范围扩大至整个小镇的尺度，进行全面有效地整治和改建，这对于中国的总体规划而言，还是一个新兴概念。

　　保留下来的建筑物的外立面依据环境友好原则进行重新设计。新旧建筑的布局均遵循类似于"元素周期表"的网格构架，该网格依随自然风景的起伏变化发生变形。叠加于网格之上的是一套有序化的室外棚架，将相互分离的建筑物组织在一起，形成各个院系，同时提供树荫和社交空间。现有的社区迁移至地段南侧的一个线性区域内，容积率相应增加。

　　通常，新规划的社区不得不在短期之内建设完成，因而居民对新社区缺乏认同感；而在这次规划中，得益于大学校园的特性，缺乏认同感的问题在一定程度上得到解决。该项目的根本目的在于营造出与学术场所周边城镇截然不同的场所感。该大学校园没有采用类似于牛津、剑桥、哈佛等大学城的回廊和合院模式，而是以位于各建筑物和各院系之间可供遮阴纳凉的过渡空间为校园生活的中心，这种过渡空间将绿地、景观座椅、自行车道和体育设施整合于一体。相应地，校园也具有合理且有益的非精英化的包容性，可与非学术型社区共享空间。

对面页：南方科技大学规划总体规划图

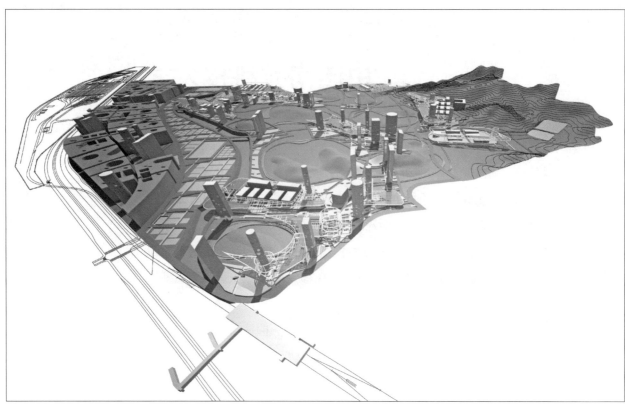

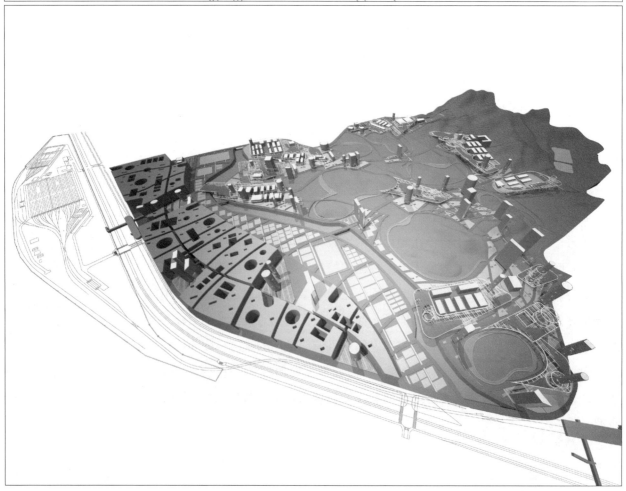

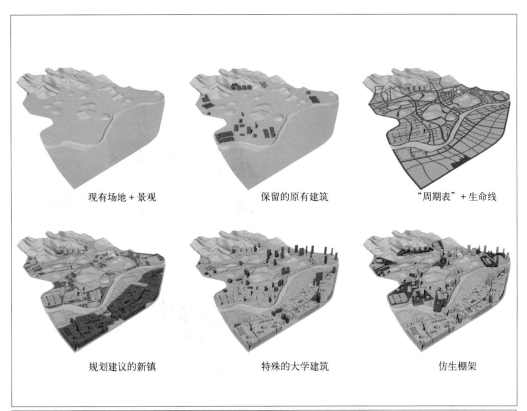

现有场地＋景观　　　　　保留的原有建筑　　　　　"周期表"＋生命线

规划建议的新镇　　　　　特殊的大学建筑　　　　　仿生棚架

对面页：东南视角透视图（上图）；正西视角透视图（下图）

本页上：校园建筑和规划框架

本页下：西南视角透视图

新校园地图——周期表（元素）

预留用地

行政管理学院

人文社科学院

相互重叠的学院

工程学院

理学院

环状体育场

2 号新镇

1 号新镇

五所学院的分布
（周期表横向）

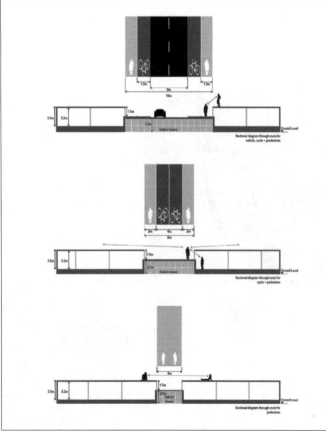

新增建筑总建筑面
积（场地范围内）
=248212 平方米

规划新增建筑建筑面积

规划新增建筑的高度（元素周期表纵向）

城市框架

城市矩阵式的组织结构赋予校园以视觉可识别性和连贯性，整合了现有的景观和建筑物，包括以下三个相互作用的方面：（1）"周期表"，用于划定城市规模、校园和新镇的地块；（2）仿生形状的室外棚架，用于支撑场地的生态动力学，包括对现有建筑物使用的建材回收等；（3）生命线，用以提供校园内外之间的流通和连接。

"周期表"

"周期表"形式的结构网叠加于场地之上，旨在现有景观、建筑、校园和城镇的新活动方式之间建立起规划层面的对话关系。平面呈现为一个由流体形状地块组成的矩阵结构，它可以为新形式与生活与自然的融合提供极大的灵活性。建筑物室内追求布局高效、空间简洁，以实现楼层面积最大化，并适应不同的功能用途。

"周期表"中的横排转化为规划组群：校园位于第 1—7 行的主要地块内，并且被进一步横向划分分为 5 个院系组团，而新镇则位于周期表底部两行的地块内。

水平划分的运动区位于校园和新镇的交界处。通过共享一部分体育设施，两类社区之间的互动得到加强。周期表的水平分区还强化了河流、高速公路和铁路的流线感。

场地内，个别地块被抬升为距离地面 4 米的平台，作为管理、图书馆、教育服务和大型演讲设施。在近、中、远三个建设阶段内，这些可栖居的平台可能附属于其上方的某幢"具有特殊用途"的建筑物，也可能被美化成为草地、操场和花园。

周期表的原子序数即地块的编号，这样便于大学整体功能的分配。组群之内的地块或通过颜色设计，或通过景观设计来反映元素特点。

地块内的特殊建筑的高度由周期表的"九纵"决定，从西到东由 3 层增加至 18 层。建筑物的具体功能包括实验室、研讨会议室、研究室和教室，并且作为各个院系的坐标。

新镇的所有建筑均采用同样的高度。可提供自然采光、通风和开放空间的几个庭院楔入六层高的建筑体块。建筑下三层为商业用途，其余楼层为居住用途。

对面页（从左上角开始，沿顺时针方向）：设施规划之"周期表"——土地地块的划分；五所学院的布局；新建建筑物的高度；剖面规划导则

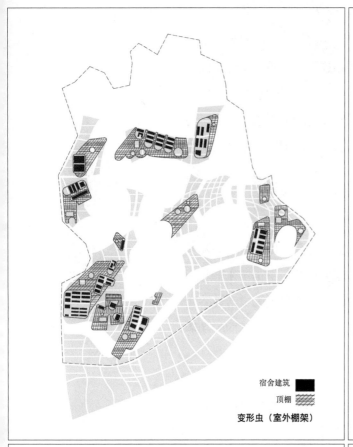

宿舍建筑　■
顶棚　▨

变形虫（室外棚架）

总建筑面积
原有建筑 =283067 平方米
未新增建筑面积的保留建筑　■
新增建筑面积的保留建筑　■

原有建筑保留状况

绿地平面分布

可增加生物多样性的水体　■
原有历史遗产　■

生物多样性和历史遗产

仿生棚架（变形虫）

通过布置一系列造型有机的结构和景观，来建立起人类活动和自然生态系统之间的对话。这些结构和景观能够支持自组织生态系统和环境可持续性的建立，并因其流体形式而得名"变形虫"（即仿生棚架）。

场地原有的景观中，九座小山拥有丰富的历史遗迹，且人为干扰程度极低；规划将引入多样的动植物，以促进生物多样性和野生动物保护。此外，每座山周围都以湿地环绕。

室外棚架作为一种城市尺度的装置，悬浮于地块上空，为室外集会提供大面积的遮阴纳凉之地。此外，它还可以补足建筑物和庭院在垂直方向的太阳能收集量。光伏电板好似花朵一样，"盛开"在结构朝南的片区，而在其余的格子内，种植有茂密的开花植物，形成一处处花团锦簇的空中花园。在这里，自然科学与技术得到了完美的结合。

现有建筑中，所有质量最优的建筑和 35% 的质量次优建筑被保留下来，并经改造成为学生宿舍。除了核心结构和混凝土楼板，建筑所有其他表层构造均被拆除。餐厅和食堂位于建筑首层。由铝质网格和玻璃构成的新外墙立面将自然光引入室内空间，同时有效限制了太阳能热增益和眩光。建筑采光口和网格的具体形式由不同的建筑师和艺术家设计，以赋予每个组团视觉差异性和可识别性。

对面页（从左上角开始，沿顺时针方向）：设施规划之"变形虫"——室外棚架；现有建筑物的保留；生物多样性和历史遗迹；绿色空间

本页：调和建筑和自然二者关系的"变形虫"

后页：建筑和规划层面的对话为学习和教育创建出一个动态的环境

生命线：公路＋自行车

生命线命名

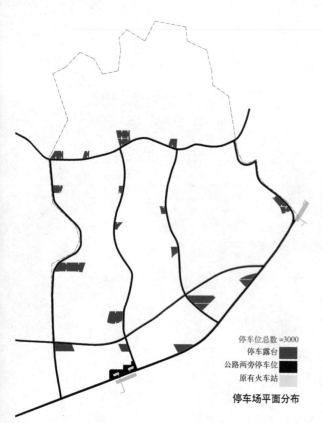

停车场平面分布

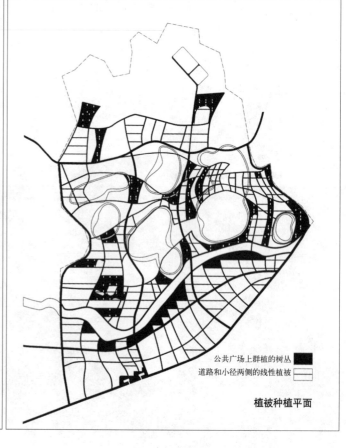

植被种植平面

生命线

校园紧邻铁路和高速公路，因而校园既是一个人流聚集点，也是扩散点。骑自行车的人、慢跑者、行人和车辆使用的道路网络将校园各个组团连为一体。该学术型社区鼓励人们放弃小汽车，转而利用健全的自行车道系统。

规划中，共有 7 条主要车行道路将 5 所学院、新镇和外围地区连接在一起，并配有 17 个停车处。建设初期，车位数量超过 3000 个，但随着自行车激励政策的推进，最终停车位需求量将会大幅度减少。道路和停车场的沥青路面也用于可再生能源的地毯式收集，以获取太阳能来解决热水供给。

在校园和新镇内，每一条道路上都设有自行车道。人行道位于每个地块上方悬挑的平台上；实体构筑物切割成百叶状，为下方的内部空间提供了天窗照明和被动式通风的机会。

南北方向的道路以科学家和著名的诺贝尔奖获得者的名字命名，如爱因斯坦路、居里夫人路、杨振宁路。东西方向的道路则从车站开始，连续编号为第一街、第二街和第三街。

规划还对现有建筑物拆除时产生的废料进行回收利用：碎石渣被放入钢筐内，在整个校园内使用，以抬升整个架空的路径网络。金属框不但起到加热过滤的作用，其内部还设有每个建筑组团所需的设施管道和设备。

对面页（从左上角开始，沿顺时针方向）：设施规划之"生命线"——循环回收点和路径；道路命名；种植方案；道路和停车场

本页：室外棚架提供城市尺度的荫蔽空间和用于集会的灰空间

住宿
管理办公室
教室
图书馆
生活设施
户外运动设施
庭院
步行区

1+2+3 期的主题分布

预留用地

行政管理学院

人文社科学院

相互重叠的学院

工程学院

理学院

环状体育场

2 号新镇

1 号新镇

开发用地

1 期开发

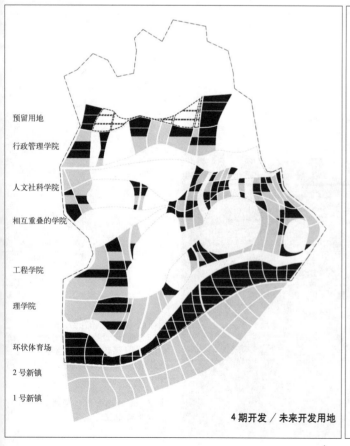

预留用地

行政管理学院

人文社科学院

相互重叠的学院

工程学院

理学院

环状体育场

2 号新镇

1 号新镇

4 期开发／未来开发用地

预留用地

行政管理学院

人文社科学院

相互重叠的学院

工程学院

理学院

环状体育场

2 号新镇

1 号新镇

开发用地

2+3 期开发

建设计划

　　总期限为 15 年的建设计划富有创造性地将影响较大的人类活动与相对被动的生态系统动力学以及本地野生动物结合起来，并且采用了灵活的矩阵模式，以适应未来可能出现的情景。随着时间的推移，到资金允许和需求增加时，还将逐步增加建筑和景观元素，最终将校园建设成为由建筑组团拼缀、开放式景观分隔的"百衲衣"。整个建设计划分为三期，预计将在 2025 年全部完成。

环境可持续性

　　中国南方科技大学与南油综合体位于同一地区，因此采用了许多相同的环境战略。相同的策略包括：室外棚架式的太阳能控制和网格状建筑外立面的处理方式，最大限度地提高风压通风的建筑开口及其朝向设计，以及作为散热器的金属框架。室外棚架上，光伏板与花海交错布置，充分利用高强度的日光。

　　此外，考虑到学生宿舍区的高热水供给需求正好与当地丰富的太阳能资源相匹配；同时，太阳能热水是目前可获得的最经济的可再生能源解决方案；因此，沥青道路和停车场表面下铺设了加热线圈，成为了收集太阳能的理想面层。

对面页：分期规划

本页：花瓣状光伏电板和花卉植物"盛开"在室外棚架结构上，营造出一处处花团锦簇的空中花园

后页：位于校园南侧角落的工程学院的模型

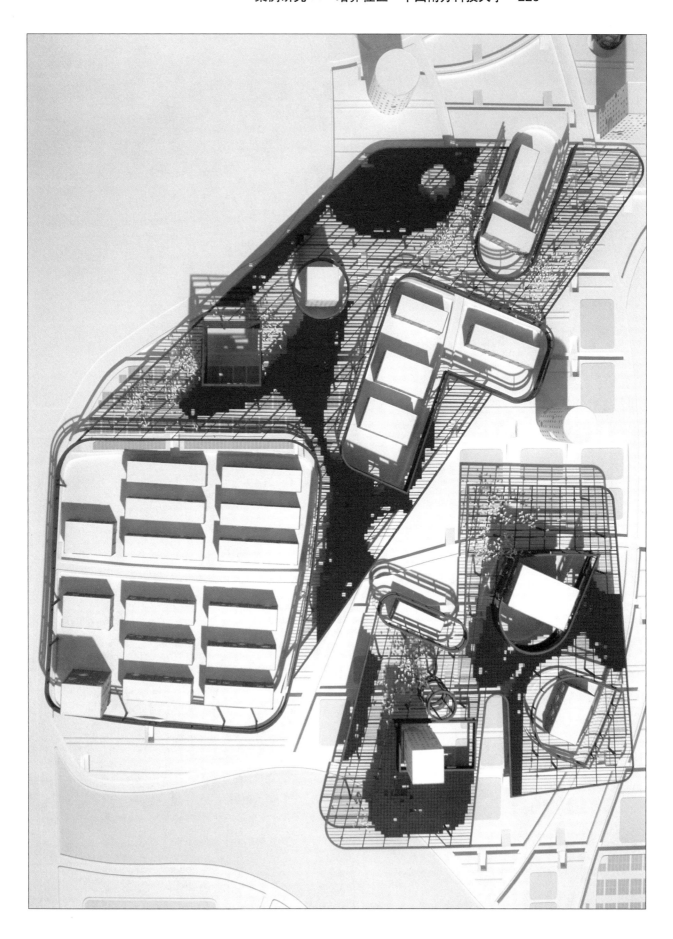

案例研究 12　栽种社区
美国纽瓦克门户计划

　　在晶体学领域中，浸泡在超饱和溶液中的一小块晶体会充当凝结核的作用，将物质聚集在其表面，逐渐增长成为一个大的晶体构造，这个过程被称为"引晶"（seeding）。溶液中的化合物可以自由移动，分子间相互作用，而晶种提供了一个碰撞分子效仿的成型模式。同样，播云（cloud seeding）将碘化银颗粒播撒到空气中，颗粒具有类似于晶体的结构，产生次生冰核，充当形成雨滴的凝结核。

　　距宾夕法尼亚车站五分钟步程的纽瓦克新游客中心是智能城市的"凝结核"，吸引对可持续生活方式感兴趣的居民，并将"晶种"播撒至更广泛的社区。虽然，该中心只是一个单体建筑，但其辐射范围是整座城市。与博物馆传播文化、足球场传播团队精神的方式相同，纽瓦克的新门户建筑宣扬智能城市的生活方式，包括提倡无车通勤、新鲜农产品和种苗的分发等，以扩大现有都市农业运动的范围。

　　纽瓦克位于曼哈顿以西 5 英里处，斯塔顿岛以北两英里处，是新泽西州最大的城市。其居民类型构成多样，有着 5 个市内行政区，分别住着非洲裔美国人、意大利人、牙买加人、西班牙人和拉丁美洲人。尽管近年形势有所好转，但全市仍一直面临着严重的贫困和犯罪问题，导致自 20 世纪 60 年代末以来，该市人口持续减少。

　　纽瓦克宾夕法尼亚车站是一个重要的交通枢纽，包括纽瓦克轻轨，新泽西州通勤火车站，美铁以及地方、区域和国家层面的汽车站。由于紧邻交通枢纽，游客中心符合城市门户的理想选址，具有通过提供单车停放处、储存、淋浴、洗衣和更衣室来改变人们通勤方式的潜力。自 20 世纪 50 年代以来，纽瓦克一直是以汽车为中心的环境，极少考虑自行车使用群体。但是，该市曾经被誉为全国的自行车比赛之都，近年来在城市内建设自行车基础设施的呼声日益增强。

　　门户建筑还能提供一个非正统但同样具有革新意义的服务：给在回家路上的通勤者提供当地新鲜的农产品。在底特律和孟菲斯等纽瓦克的南部和西部区域，城市街区非常密集，一直存在城市"食物荒漠化"的现象。特别是在经济不稳定的近期，大型连锁超市认为这些街区存在高风险，因而不轻易进驻。除非居民前往城市郊区，否则纽瓦克的居民用餐的默认选择便是快餐，而不是新鲜的食品。

　　在"砖城"纽瓦克城都市农场计划中，小面积集约型农场象征着城市食物沙漠中的小块绿洲。在一些闲置用地内，安放有便携式土壤盒来种植水果和蔬菜。这些农场在客户群中的定位与郊外大型农场的不同之处在于，城市中的农民

对面页：纽瓦克门户计划总体规划——空置和废弃用地（图中绿色部分）被转化为社区的粮食生产空间；沿帕塞伊克河滨的社区花园绿带内建立一个新的游客中心

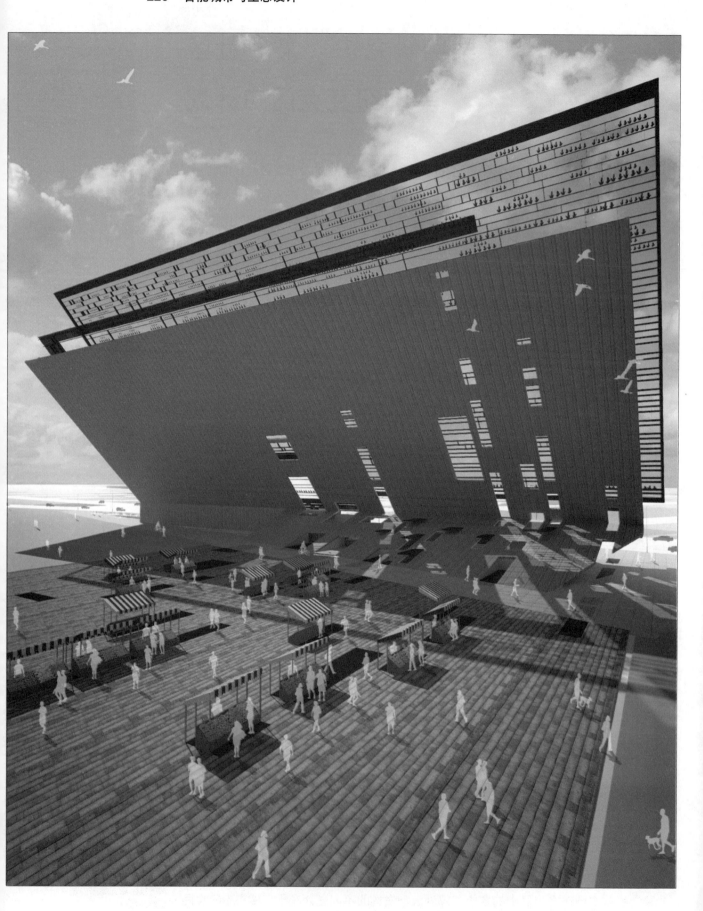

对面页、本页：游客中心位于帕塞伊克河滨，距离宾夕法尼亚州车站仅几分钟路程；当地生产的新鲜农产品可以方便地提供给通勤者

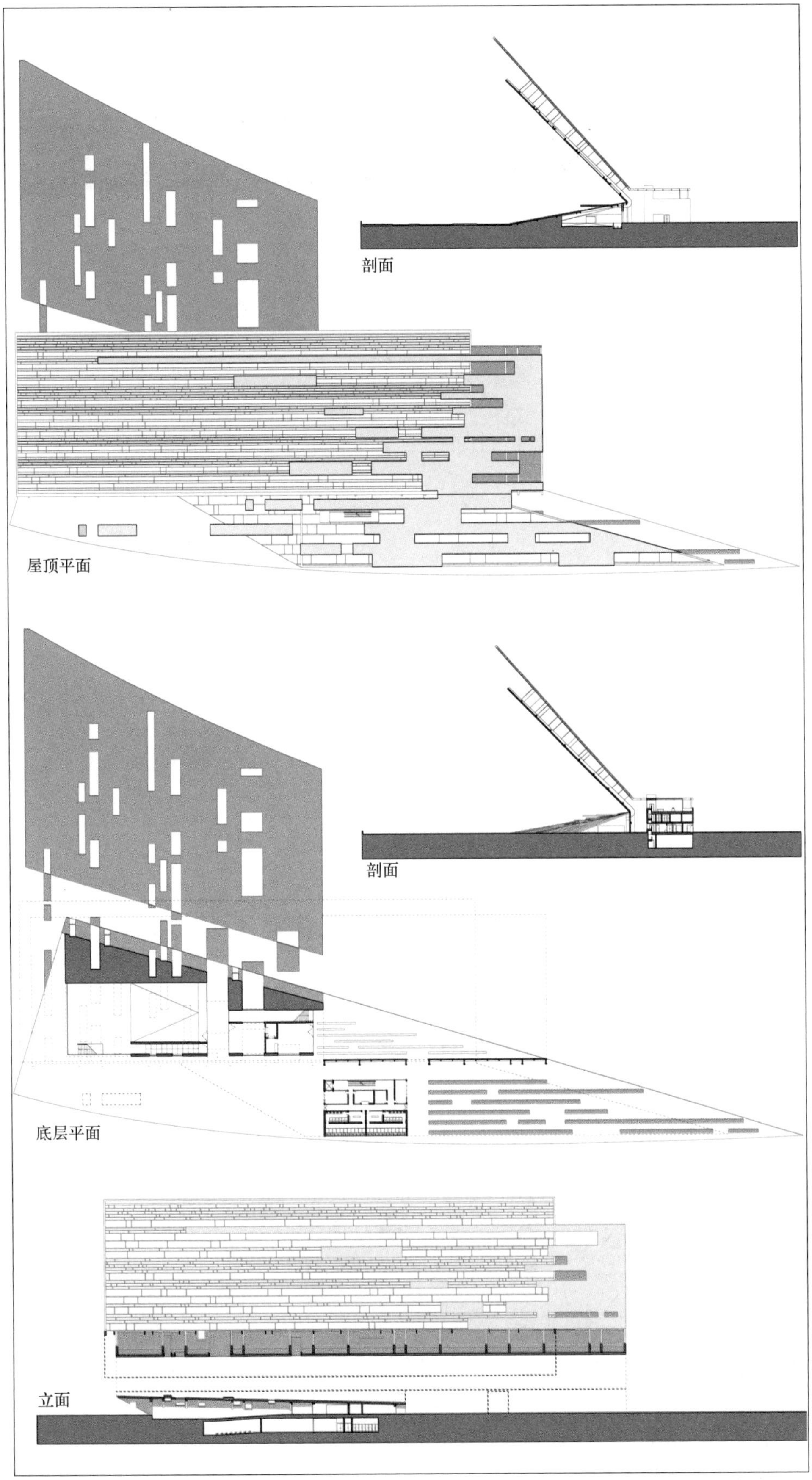

剖面

屋顶平面

剖面

底层平面

立面

对面页：铺有育苗广告牌的南立面（上图）；位于倾斜的木构架下的农民市场和公共广场（下图）

本页：游客中心平面、立面和剖面

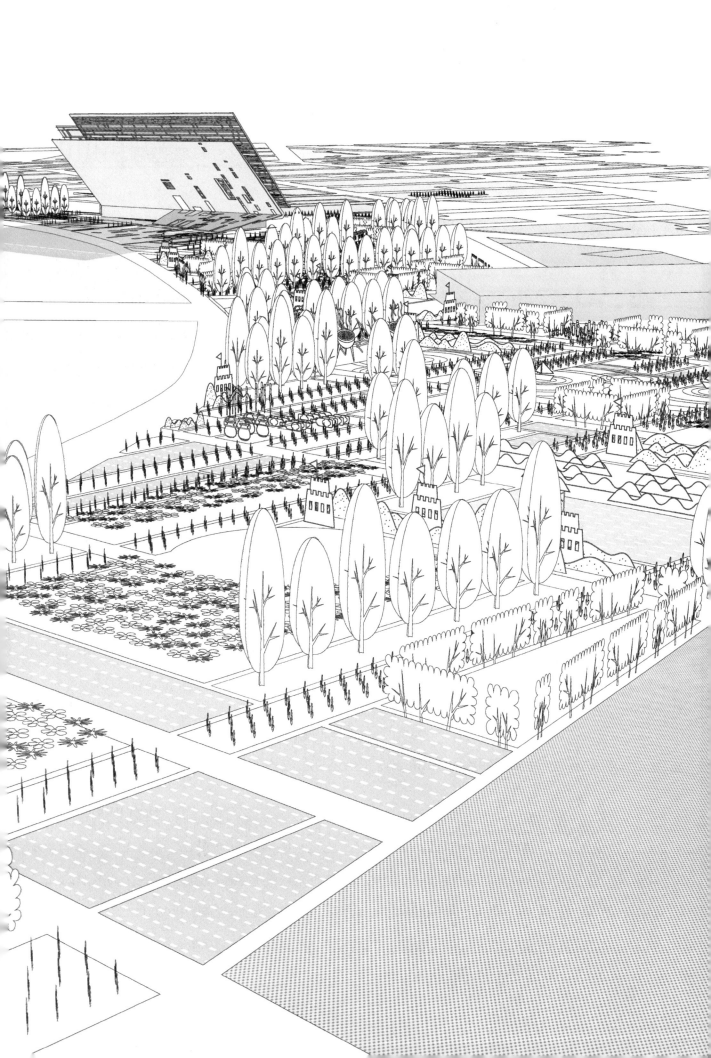

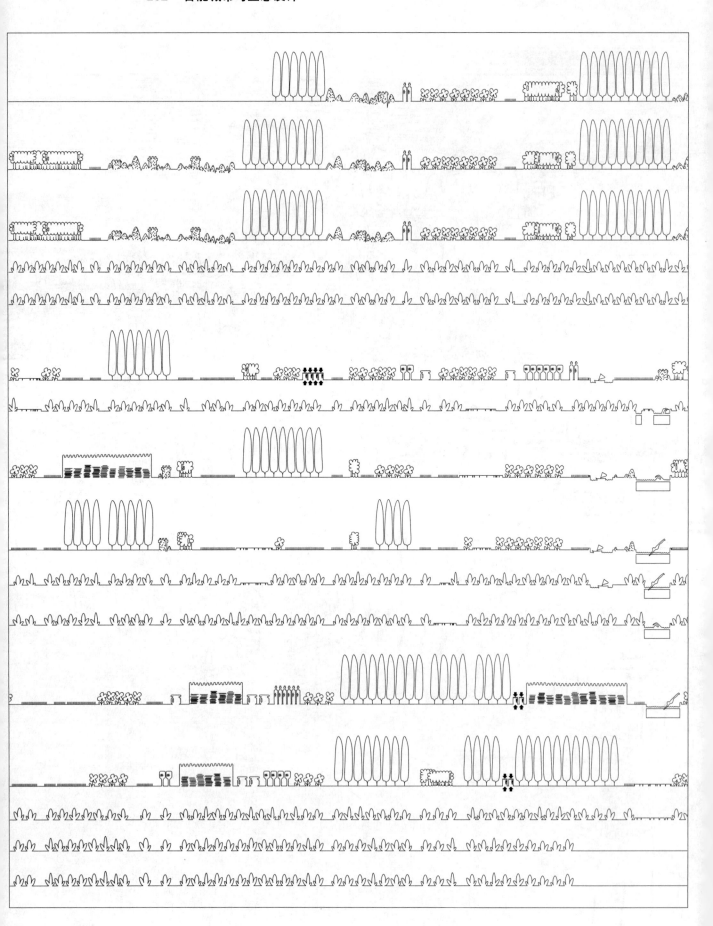

无须中间商代理，便可以直接在市场销售新鲜食物，从而降低了大众购买新鲜食物所需支付的成本。瑞士甜菜、茄子、辣椒、黄瓜、芝麻菜、羽衣甘蓝、菠菜、萝卜和香草都已成功栽培，并出售给社区居民和当地餐馆。由于土地此前受到过工业生产活动的污染，因而采用离地的自吸式底部灌溉拼装花盆（sub-irrigated planter），同时也可以达到水和肥料的高效使用，并且每平方英尺可达到非常高的产量。令人鼓舞的是，不少人愿意在这个农场计划中投入自己的时间、资金和精力，参与人数并没有呈现减少的趋势。

粗略地看一看纽瓦克这座城市，我们很容易发现城市内仍有大量可以再利用的闲置空地。这些空地将从反社会行为的温床，转化为社区粮食生产的空间，使得宝贵的城市用地资源的空间利用效率达到最大化。迄今为止，市长已经为全市农场计划提供了法律援助。与此同时，私有土地所有者也已经足够开明并且心系社区，愿意出租未利用空间用于粮食生产，而不再作为停车场。当然，仍有必要进一步扩大规模后，才能显著改变各区居民的生活方式和整座城市的面貌。

门户建筑的外观形态是一个造型醒目的斜插入地面的飞翼。建筑沿河布置，表皮的一半是广告牌，一半是温室玻璃。飞翼表面为南向，覆有可收集太阳能的光伏电板，此外还包括为社区农场提供种苗的苗圃。

在玻璃广告牌的荫蔽区内是略微倾斜的木平台，内部设计有储藏空间。这处场地的用途是农贸市场和公共广场，也是规划拟建的帕塞伊克滨水区和滨河公园的一部分。在有限的占地面积内，该游客中心还提供展览场地、演讲厅和关于永续生活教育的信息化系统。

游客中心是城市社区花园绿色网络的核心，同时也是健康生活的标志，还标志着帕塞伊克河滨发展计划的开始。目前，这一带随处可见废弃的化工厂和仓库。计划于2025年之前，将修建一条集合多种用途的绿色长廊，实现街区振兴。在此期间，仍采用临时的小面积集约型农场，营造由蔬菜园和花卉园、瓶子和废纸回收中心、沙箱和游泳池构成的景观，并为未来的公园留下一笔基于社会和可持续发展原则的长期持久的遗赠。

前页：新帕塞伊克河滨、滨河公园和游客中心

对面页：滨河公园的剖面

后页：既是农业型又是循环型的社区景观

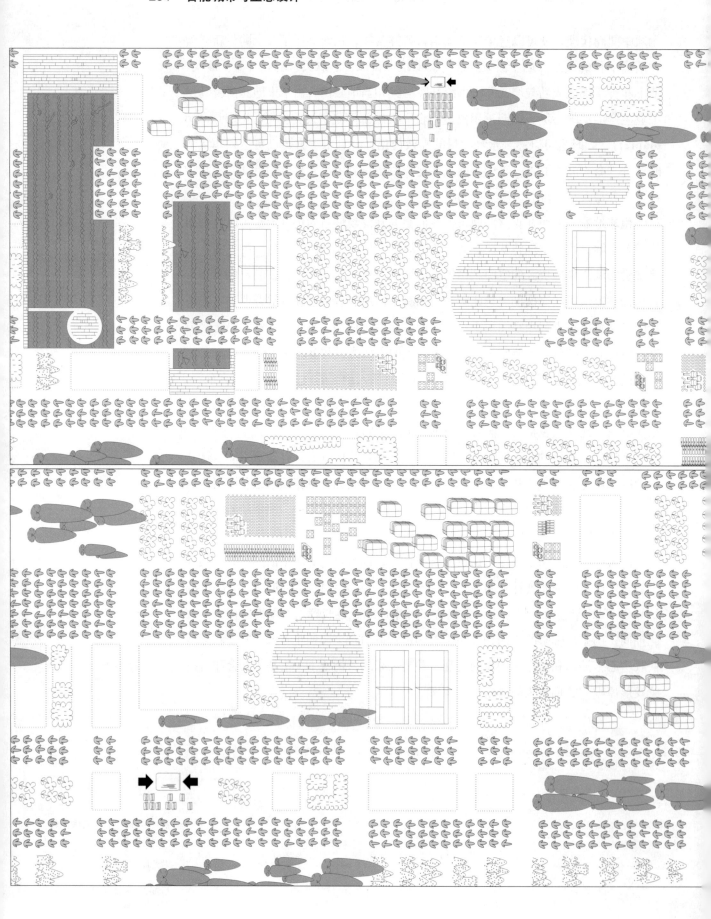

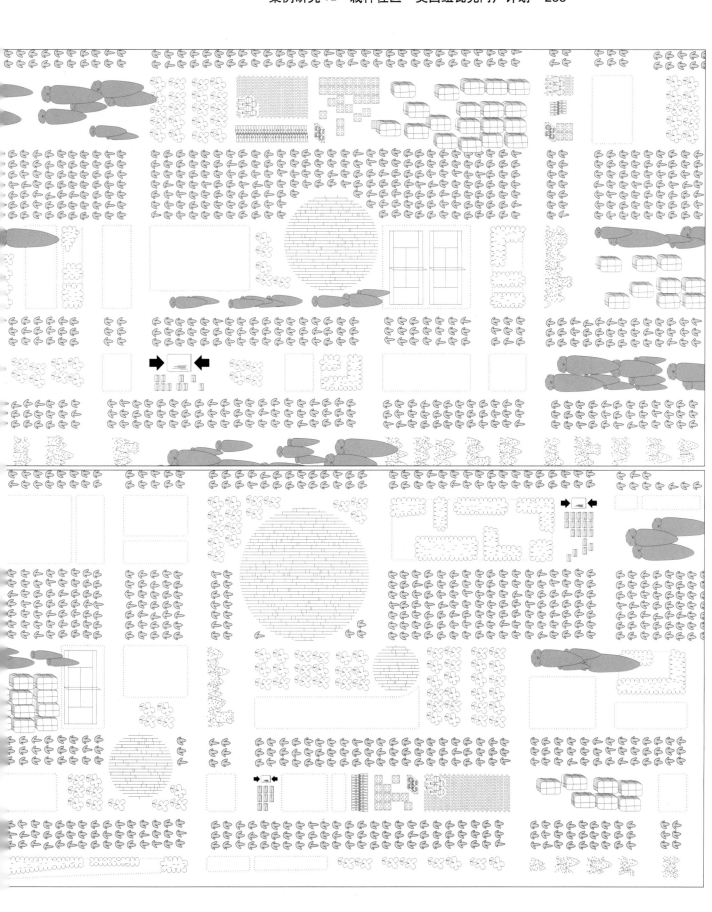

他人观点　希托邦（Sitopia）
——城市的未来

卡罗琳·斯蒂尔

百年之后，城市会是什么样子？对未来的预测从来都是一件非常困难的事情，但有一点却是明晰的：如果 21 世纪末的城市与今日的城市相仿，只是变得更大，那意味着，在这个时代最伟大的一场生态挑战中我们失败了。今天，城市以前所未有的速度不断扩张，每星期约有 130 万农民迁入城市。这种扩张方式正渐渐改变了已经支撑人类文明上千年的城市与乡村之间的关系。从古至今，城市都在掠夺自然世界的资源。但在过去，只有少部分人（在公元 1800 年仅有 3% 的人口）居住于城市，所产生的影响也是有限的。而今天，约有一半的全球人口在城市生活，并且至 2050 年，城市人口将再增加 30 亿，所产生的巨大影响可想而知。如果我们的未来不得不是城市，那么我们迫切需要重新确定城市的含义。

维持一个城市所需要的所有资源中，没有什么比食物更为重要。在前工业时期，这一事实是不言而喻的，因为保障城市粮食供给的难度非常大。没有农业机械、农药、冷藏和快速交通（现代农业的基础）所提供的便利，城市不得不厉行节约，并且绞尽脑汁解决粮食供应问题。没有任何一个城市在其修建之初，会不首先考虑其物资供给来源；并且城市一旦建成，便通过在城市边缘地区种植水果和蔬菜等易腐烂变质的食物，在市内养殖猪和鸡等牲畜，将城市的"食物里程"维持在最低值。城市季节性的消费包括草食牲畜在内的新鲜食物，多余的食物则通过盐渍、干燥、腌制等处理以便保存，等到食物匮乏的时节食用。土壤肥力是至关重要的，因而多个世纪以来，人们运用了各种方法（从血祭到作物轮作）来培育肥力。没有任何食物被浪费：厨余剩菜用来喂猪，人和动物的粪便被收集起来作为肥料，帝王宴请的剩菜则给了穷人。

到了后工业世界，情况就不一样了。我们理所当然地认为，如果我们走进一家餐厅或超市，食物就应该摆在那里，魔术般地从别的地方运送过来。食物是充足而又廉价的，人们自然而然地认为它们可以被毫不费力的生产出来。然而，无论超市里的食品有多么廉价，事实上其所消耗的真实成本是销售价格的很多倍。粮食和农业领域的温室气体排放量共占全球的三分之一。每年有 1900 万公顷的热带雨林消失变成了农业用地，而每年盐碱化和土壤侵蚀几乎造成同样数量的耕地损失。在西方，我们食用的每 1 卡路里食物的生产过程平均需要消耗约 10 卡

对面页：纽约市儿童援助协会的儿童正在西城中心的胜利花园里耕作

路里的热量，尽管如此，美国生产的食物中约有一半被扔掉。全球有一亿人超重，却又有 1 亿人正忍饥挨饿。这些统计数字表明，全球的食品行业——我们城市生活所依赖的系统，存在很大的缺陷。

我们继承了遥远的过去（以农村地区为主的时代）对城市这个概念的理解；我们假定，支撑一座城市的物资可以源源不断地从丰富的农村腹地提取。在过去的两个世纪中，工业化似乎更大程度地验证了这样的假设，因为我们不但可以大大加快这种提取的速度，而且不断扩大了城市和乡村之间在各层面的距离。结果是，城市发展面临前所未有的爆炸，并萌生出了一个危险的幻象：城市的发展是独立的、完美无瑕的且势不可挡的。现在，这样的错觉正在逐渐幻灭，因而我们迫切需要寻找一种新的城市模式：承认城市在全球的生态环境中发挥着重要作用的新模式。问题是，我们如何能够实现这种模式呢？

首先，我们需要了解，约 10 万年前在有"新月沃土"之名的古代中东地区，城市和食物之间存在密切的联系。正是在这里，我们新石器时代的祖先最早开始收集野生草种——这对文明城市的演变而言是至关重要的尝试，因为种子收集和随后的粮食种植能够提供维持一个城镇人口所需的粮食。随着收集种子逐渐演进成为有意识地种植和收获，紧邻种植地的旁边便开始出现永久性农业定居点。

考古学家认为，复杂程度足以称为城市的定居点最早可以追溯到公元前3000 年左右，包括位于美索不达米亚平原南部（今伊拉克）的苏美尔城邦、乌鲁克、乌尔和基什等。这些早期城市的构成原型是中心为人口密集的城市核心，周围则为在幼发拉底河洪水冲击形成的沃土上耕作的密集农田。大型神庙群占据城市要地，庙内每年举行与农耕时节相关的各种庆典活动。其中，最盛大的庆典是在收获季节。在这一年中最为隆重的时刻，万人空巷，举办繁复的纪念、祭祀和新生仪式。粮食一旦安全地收获，立即供养给神灵，然后才小心地储藏起来并分发给民众。因此，神庙是城市的精神中心，同时也承担着粮食分配的职责。在物质层面和精神层面，城市都体现它与乡村之间的紧密关系，至今，无论城市面貌如何变化，这种联系仍然是所有城市生活的基础。

在整个前工业革命时期，每一个城市政府需要优先解决的事项便是公民的温饱问题。除了涉及的物质方面的困难，粮食供给的社会和政治方面也需要持续不断的管理。大多数城市颁布了法律，以防止垄断等各种弊端的出现。为了保证贸易监管的易操作性，食物的销售和购买通常仅限于开放市场。因此，城市粮食是由大量的小生产者提供，依据法律在特定时间销售给正当的顾客。由于市场是人们唯一可以购买新鲜食品的地方，逐渐成为强大的社会的、政治的以及商业的空间。从雅典集市、罗马广场到雷阿勒区和考文特花园，市场都是联系城市与农村的关键的社交枢纽，最大限度展现了市民生活。

食物在塑造前工业时期城市中所发挥的作用是显而易见的，然而，在后工业时期城市的塑造中也同样如此，尽管方式不太明显。现代粮食系统已经将城市从地理区位的限制中解放出来，同时成功地掩饰了供养一座城市所需做出的努力。但是，这并不意味着问题已经彻底解决。相反，在任由大都市肆意掠夺耕地和森林、苔原和沙漠之后，食品工业系统已然将城市供给无限复杂化，而不是他们所承诺的变得更容易。我们中有三十亿人的日常生活不仅远离生计来源，并且完全依赖着不可持续的供给系统。

城市一直都饱受批评。在过去，那些希望逃离城市的人只要愿意，就可以真正实现他们的愿望；然而，现在情况发生了变化，城市的经济辐射范围如此之大，以至于几乎所有的农村地区都受其影响。事实上，每年农村人口宁愿沦为城市贫民阶层，也要相继搬离农村涌入城市。究其原因，除了因为城市生活的诱惑之外，农村经济的崩溃也是重要的驱动因素。在世界上的许多地区，生活在农村已经是不再可行的，因为土地已为城市所用。

城市化进程导致的心理状态的转变造成了几乎同等程度的负面影响。实现现代化的本质是人与自然纽带的断裂，将我们置于几乎快要遗忘人最深层次的含义的危险境地。我们的世界充斥着信贷紧缩、盈亏等抽象虚无的事物，而这一切都与曾经赋予人们生活意义的日常节奏毫无关联。我们远离了日常生活必需品，相反却在虚幻的电脑游戏和推特空间中寻找刺激；与此同时，正如电影人物多里安·格雷（Dorian Gray）在阁楼的画像所示，这种城市生活方式所产生的影响正在悄然无息的横行肆掠。尽管已经用尽了所有的现代化高效技术，我们既没有成功地解决舒马赫所说的"生产的问题"，也没有使自己幸福。[1]相反，我们越是从自然状态的自我中剥离，我们越难获得真正的满足。

作为人类栖居的一种模式，城市已经变得过于庞大。在后工业时期，城市既不能为大多数人提供良好的生活质量，也不能为大家展示一个可持续发展的未来。然而，它仍将是人类发展的主导模式。预计在未来20年内，印度的70万个小农场中有一半将会消失，这些已经延续了上百年的传统生活方式终于还是屈从于现代城市。然而，一旦他们的农场被占领，数百万流离失所的农民工人将何去何从，这个问题仍然悬而未决。如果问我们从信贷紧缩中学到了什么，答案就是我们亟待质疑生活的价值以及社区建立的根基。

首先第一步，我们必须承认所有城市生活的核心内都存在的一个基本悖论：即没有农村这一对应物，城市就不可能存在。一旦我们认识到这一事实，我们将会更接近所面临问题的本质。这是一个权衡的过程。我们匆匆忙忙地奔向文明，以超越单纯的生存需求；但同时我们都忘记了，在本质上我们仍然是动物，有着动物的需求。我们可能会选择住在霓虹闪烁的、被称为"城市"的地方；但在更

1. E F Schumacher, 'Small is Beautiful', Vintage, London, 1973, p.3

深层的意义上，我们仍然栖居在土地之上。我们所需要的与其说是技术革命，不如说是精神革命：我们应认识到，一旦我们失去了与自然的纽带，我们也就失去了自我。目前，我们面临的最为紧迫的使命必然是重获与自然之间的纽带的感知。

在这一历史性的关键时刻，在古代文化中作用强大、如今却被我们低估的食物仍可以发挥重要的作用。食物是我们生存的必要条件：离开它，没有人可以生存下去。食物的种植、购买、烹调、食用以及分享等仪式，超过了其他任何一个因素，更有力地塑造了我们的文明。当我们面对有史以来最大的人造危机时，食物是拯救我们的解决之道。它在我们生活中发挥的核心作用赋予它独特的力量，使其成为质疑、拆解并最终重新设计我们在地球上的居住方式的完美工具。

"希托邦"（Sitopia）是我对用食物来解决我们面临的危机这种方法的简称，该词是古希腊文 Sito (Food/ 食物) 和 topos (Place/ 空间场域) 的合体字，意思是"食物 + 场所"。使用这个词是有意替代乌托邦这一种理想的理论模型——许多世纪以来解决人类生存困境最常见的方法。社交性、可持续性、平等、健康、幸福等乌托邦的主题是无可厚非的；问题是，追求完美的乌托邦是遥不可及的。如果我们想建立一个更美好的世界，我们需要一个不那么完美、有瑕疵但是可以达到的模型。希托邦应运而生。它将食物作为一种工具，因而希托邦早已经存在，虽然并不完美。食物影响我们生活的一切，从我们的工作、娱乐和社交方式，到我们走路和说话方式，甚至于在陆地、海洋和天空中的栖居方式。只要学会观察食物如何塑造我们的生活，我们就可以运用多种方式来更好地发挥食物的塑造功能。在宏观尺度，我们将会找到重新连接人与自然、城市与乡村的途径。在微观尺度上，它可能意味着一切，从改变我们设计和建造住宅的方式，到我们早餐吃的食物种类。

如果希托邦的实现机会范围看似令人却步，我们只需看看已有的模型，从中获得鼓励。可以说，所有前工业时期的城市都可以被称为希托邦，因为它们都认可并颂扬食物的首要地位。虽然没有人会提议回到那个艰难辛苦的前工业城市，我们却可以从那个名副其实的"城市生态黄金时代"中得到启示。[2] 受地理条件的限制，前工业城市被迫量入为出；这一点正是后工业世界的我们必须重拾的。古代城市模型是技术和经验的叠合，我们必须吸纳它们，并把其改造为适用于我们这个时代的模型；这不是为了给过去涂上浪漫色彩，而是为了寻求其中蕴含的智慧。两百年来，我们集体遗忘了我们在万事万物有机秩序中的位置。现在，我们必须重新回归。

首先，希托邦是一种方法，致力于缝合生活中离散的各个方面，并尝试建立起它们之间的平衡。在一定程度上，这一过程与学会提出正确的问题相关。例如，我们不应该问如何能够更高效地满足一座城市的供给（这个问题本质上只能对应一种答案），而应该问我们想居住在什么样的社区，然后相应地设计我们的食物系统。

一旦将问题这样反过来问，我们可以立刻发现，食品工业系统与我们所向往的理想社会的价值观——前面列出的乌托邦主题——是完全对立的。事实上，这种系统在本质上是反社会的，清除掉了人类社会中所有可能会干扰到利润率的事物。如图所示，它们形似像一棵树，许多根系（即生产者）通过单一的主干（即超市）输送养分来养活各个树枝（即顾客）。[3]这种结构保持生产者和顾客之间的分离状态，使得主干可以控制整个系统。而在过去，这种现象正是城市政府竭尽全力想要避免的。

　　现在假设有另外一个系统，那里的城市居民可以与粮食生产者之间建立直接的关系。在这种情景中，顾客会很快掌握足够的知识，从而通过他们的选择影响食品网络。在供应过程中，他们将有效地成为合作者，正如慢食运动的发起者卡洛·彼得里尼（Carlo Petrini）所说的"共同生产者"。[4]这种食品网络会产生一个截然不同的社会；一个更有利于培养成功社区所必备的各种人脉关系，并在面对外部冲击时呈现更大弹性的社会；一个其实和过去的那些城市相似的社会。

　　上述的假设提醒我们，粮食系统产生了巨大的影响，它们所发挥的作用不仅在于能够可持续地提供充足的食物养活我们（这本身已绝非易事）；更重要的是，能提升我们的生活质量。如果我们所关心的只是生存问题，那么一系列致力于最优化饮食、土壤、阳光、水、能源和废弃物之间的生态协同作用的冷冰冰的数据会指示我们应该如何安排生活。但是，如果我们还在乎喜悦、道德、文化和自由等这类事物，我们将面临着一个更为棘手但更有价值的问题。那就是如何最佳地协调进而满足我们的动物需求和更高层次的精神期望？这是文明所面临的两难窘境，一个长期以来人类竭力想解决的困境。

　　最终，困境归结到一个问题：什么样的生活才是优质生活？答案仍然是难以捉摸的，但可以肯定的是，优质生活必定包括对食物的尊重。如果是这样，那么是否可以认为，耗费时间用食物来养育他人的生活（只要人因而受到尊重，并有所回报）必然是优质生活？将食物减少至零和状态（即不产生更多新的价值），不仅掠夺了我们生活中的多样性、独特性、品味，还带走了过去唾手可得的最可靠的收入来源和社交关系。

　　虽然食物从未被明确地视为一种设计工具，但它却隐含在许多乌托邦工程中。在 1902 年，霍华德发表了一篇题为"明天的田园城市"的短论，文中他提出"城镇—乡村磁铁"的概念：一个社区集合了城市和乡村生活的优点，同时中和抵消了二者的缺点。[5]这个"磁铁"实际上是一个拥有 30000 城市居民和 2000 农民的城邦，由一个人口密集的城市核心及其周围 5000 英亩农田组成。一旦人口数量达到目标值，田园城市将停止增长；转而在一定距离之外新建一个姐妹城市，并用铁道连接二者。这样，自然景观将逐步转化成由自给自足的城邦构成的连通网络。霍华德的想法获得了广泛关注，甚至还得到资金支持，并修建首个实际原型——赫特福德郡莱奇沃思田园城市。但该项目最终失败，因为这个提案的激进本质——

2. Donald Reid, 'Paris Sewers & Sewermen: Realities and Representations', Harvard University Press, Cambridge Mass., 1993, p.10

3. For a discussion on the way such systems relate to cities (or rather, don't) see the essay by Christopher Alexander, 'A City is not a Tree', 'Architectural Forum', Vol. 122, No. 1, April 1965, (Part I) and Vol. 122, No. 2, May 1965 (Part II)

4. See Carlo Petrini, 'Slow Food Nation', Rizzoli, New York, 2007, pp.164-176

5. Identified by him as unsanitary overcrowding in towns and lack of services and opportunity in the countryside

渐进式土地改革，从来未曾实现。

　　如所有的乌托邦工程一样，田园城市注定是要失败的。然而，希托邦这一术语传达了一个有力的信息。不论人类采用了何种居住形式，城市和乡村之间的关系将永远居于核心，协调我们所面临的最大的挑战。因为智能城市试图解决这一挑战，在我看来，它就是希托邦。这些项目让我们有勇气憧憬未来。并且，想成为希托邦人士并不需要非得成为一名建筑师。选择如何耕种、购买、食用和烹煮食物取决于我们自己，而我们的选择在经过多次经验累积之后，正是我们塑造未来的工具。

城市中的温室气体排放

他人观点　城市在气候变化中的作用[1]

戴维·萨特思韦特

城市经常被指责为引起全球气候变化的主要"元凶"。例如，由联合国机构和克林顿气候计划等提供的许多数据显示，城市排放的温室气体占人类活动产生的总量的75%—80%。而实际数字应该是40%左右。其余60%产生于城市外的地区，其中很大一部分来源于农业和森林砍伐，其次则源于农村或未归类于城市的小型城市中心的重工业、化石燃料发电厂和富裕的高消费人群。

事实上，许多城市拥有相对较低的人均温室气体排放量，同时兼顾了良好的生活质量。日益城市化的世界与全球温室气体排放的减少之间并没有内在冲突。只是将眼光聚焦于城市是"问题来源"，往往意味着我们过度关注气候变化的减缓，即温室气体排放的减少（特别是在中低收入国家），而对城市的适应性（气候变化对城市的负面影响最小化）的关注则显得不够。当然，城市的规划、管理和治理应当在减少全球温室气体排放中扮演重要角色。但它同样也应该在保护城市居民免受气候变化带来的洪水、风暴、热浪等影响方面发挥核心作用，而对于这一领域我们给予的关注远远不够。

城市对全球变暖的"贡献"

城市温室气体排放的主要来源是工业生产、交通运输、居住和商以及政府建筑物（供暖或供冷，照明和电器）的能源消耗。城市温室气体排放清单显示，各城市之间的人均排放量相差超过十倍。圣保罗人均排放1.5吨二氧化碳，而华盛顿人均高达19.7吨。[2] 如果能够获取低收入国家的城市的数据，城市间人均排放量的差异很可能会超过100倍。在许多低收入国家的城市，人均温室气体排放不太可能很高，因为那里石油、煤和天然气的使用量少，也没有其他主要温室气体生产源；并且，那里几乎没有工业，私人汽车保有量非常低，拥有和使用电气设备的家庭和企业也非常有限。

对几乎所有的城市而言，交通运输是温室气体的主要排放源，虽然其实际排放贡献比例高低不同。上海和北京1998年的数据为11%左右（这些城市内工业是温室气体的最大排放源）[3]，而伦敦、纽约和华盛顿约为20%[4]，里约热内卢、巴塞罗那和多伦多约为30%—35%。[5]

也许，并不是所有的城市都是温室气体的主要排放源，而只有高收入国家的城市才是。但是，针对欧洲和北美某些城市的研究表明，许多城市的温室气体排

1. David Satterthwaite, 'Cities' contribution to global warming: notes on the allocation of greenhouse gas emissions', 'Environment and Urbanization', Vol. 20, No. 2, 2008, pp. 539–549

2. David Dodman, 'Blaming cities for climate change? An analysis of urban greenhouse gas emissions inventories', 'Environment and Urbanization', Vol. 21, No. 1, 2009, pp.185–201

3. Shobhakar Dhakal, 'Urban Energy Use and Greenhouse Gas Emissions in Asian Cities: Policies for a Sustainable Future', Institute for Global Environmental Strategies (IGES), Kitakyushu, 2004, p.170

4. Mayor of London, 'Action Today to Protect Tomorrow; The Mayor's Climate Change Action Plan', Greater London Authority, London, 2007, 232 pages; Michael R Bloomberg, 'Inventory of New York Greenhouse Gas Emissions', Mayor's Office of Operations, Office of Longterm Planning and Sustainability, Washington DC, 2007, p.65

5. C Dubeux and E La Rovere, 'Local perspectives in the control of greenhouse gas emissions – the case of Rio de Janeiro', 'Cities', Vol. 24, No. 5, 2007, p.353–364; J VandeWeghe, C Kennedy, 'A Spatial Analysis of Residential Greenhouse Gas Emissions in the Toronto Census Metropolitan Area', 'Journal of Industrial Ecology', Vol. 11, No. 2, 2007, p.133–144; J Baldasano, C Soriano, L Boada, 'Emission inventory for greenhouse gases in the City of Barcelona, 1987-1996', 'Atmospheric Environment', Vol. 3, 1999, pp.3765–3775

放水平比全国平均水平要低得多。例如，纽约和伦敦的人均温室排放量比美国或英国的平均水平低了许多。[6]

温室气体排放空间分配的难点

当然，我们知道，是由于特定人群的特定活动而非城市（或小型城市中心或农村地区）导致温室气体的排放。原则上，这些活动可以被逐条列出，并对应到各个城市、小型城市中心和农村地区，但实际上这个操作过程并不容易。例如，一个拥有大型燃煤发电站的地方将会排放大量的温室气体，尽管它们所产生的大部分电力可能都用于其他地方。这正是为什么温室气体排放清单通常计算的是供给一座城市在其边界内所消耗的电力所产生的排放量。这有助于解释为什么一些城市的人均排放量惊人的低——例如用水提供电力的非洲、亚洲或拉丁美洲的城市。

温室气体排放的空间分配还面临其他困难。例如，驾车通勤时燃料消耗所产生的排放量应当统计在他们所工作的城市中，还是他们居住的城郊或农村地区？来自空中旅行的碳排放量又应如何分配？任何一个拥有国际机场的城市的碳排放总量都严重受到是否计算飞机燃料的影响——即使大部分燃料是在城市以外的高空中使用。

一个更为根本的问题是，服务行业或生产商品产生的温室气体排放量是应该是由生产者还是消费者负责。如果排放量归为终端消费者，农业、森林砍伐和工业所产生的排放量都可以分配到消费工业产品、木制品和食品的城市。在这种情况下，城市的温室气体排放统计量自然有所增加，而且大部分将来源于世界上最富有的城市。

虽然这些关于如何将温室气体排放进行空间分配的问题可能显得有些迂腐，但实际上对于如何计算国家之间或内部减少排放量的责任而言有着重大的意义。如果中国城市需要对制造业因生产出口商品所排放的所有温室气体（包括相关电力生产排放的温室气体）负责，意味着中国城市在缓和乃至最终扭转温室气体排放的局面中承担着相当大的责任；相反，如果这些排放量被分配到消费中国出口商品的人（言下之意是指他们生活的国家或城市），那么，中国城市承担的责任也相应减小了。

如果我们认为消费者应当为温室气体排放负责，那么高消费和低消费人群或家庭之间将会有巨大的差别。世界上最富有的高消费者对全球变暖的影响可能是那些贫穷人群的数百倍，甚至数千倍（虽然这在某种程度上是因为后者的排放贡献值可能接近零值）。任何一个人会影响全球气候变暖的前提是，他们必须消费会产生温室气体排放的商品和服务。然而，可能有多达12亿的农村和城市居民的消费水平如此之低，以至于他们几乎完全没有影响到气候变化。他们极少使用化石燃料，通常使用薪柴、木炭或牛粪；他们也不使用电力。这12亿"低碳人士"中的大部分采用无二氧化碳排放的交通方式（如步行和骑自行车），或者低排放的交通工具（如公交车、小公交车和火车，并且通常超负荷运载）。[7]

城市作为解决之道

将城市视为"问题"转移了我们对如下事实的关注，即大多数温室气体排放的驱动因素是富裕国家的中等和高收入群体的消费模式。使用每个城市的人均温室气体排放值掩盖了高收入和低收入群体之间人均排放量的巨大差异。[8] 对于低收入国家，将城市作为主要温室气体排放源使得我们过于强调"缓解"而非"适应"气候变化，因为大多数类似城市的化石燃料使用量已经相当低，可以进一步减少的潜在幅度不大。认为城市是"问题"的观点未能理解，良好规划和治理的城市可以打破高生活水平和高温室气体排放之间的联系程度。这从各个富裕城市之间人均汽油使用量存在的巨大差距中可见一斑[9]；大多数美国城市的人均汽油使用量是欧洲的 3—5 倍，却并不意味着前者拥有一个更好的生活质量。公共交通系统健全的城市，可以避免城市低密度蔓延，因而人均温室气体排放水平比没有公共交通系统的城市低得多。世界上富裕的城市中，最令人满意的（同时也是最昂贵的）的城市住宅区都是高密度的，并采用可最大限度地减少空间供冷／热量的建筑形式。例如，3—5 的联排住宅，每户所消耗的能量比位于郊区或农村地区的独立式住宅要低得多。目前，已经有一些能源使用显著减少了的居住区开发的具体案例，例如贝丁顿"零能源"发展计划中的居住区开发。[10]

大多数欧洲城市都拥有高密度的城市中心，在那里，人们首选的交通方式是步行和骑自行车，尤其是在步行和自行车设施齐全的地方。高品质的公共交通能保持私人汽车的低保有量和低使用率。城市还关注于那些有利于提高生活品质，同时不增加物耗水平（进而增加温室气体排放量）的事物，例如戏剧、音乐、视觉艺术、舞蹈以及历史建筑和地区的游赏等。长久以来，城市一直是社会、经济和政治革新的地方。这在全球气候变暖中也是非常明显；在许多高收入国家，城市政治家们比国家政治家表现出了更大的减排决心。拉丁美洲亦是如此，在最近 20—25 年里环境和社会的革新多数是由市长和当选市政府推动的。但是，一个城市应如何规划、管理和治理对于如何应对气候变化的影响也具有重要意义。在拉丁美洲、非洲和亚洲，许多城市的人均温室气体排放量可能已经很低，但城内数以百万计的居民仍面临着由于气候变化可能带来的频率增多或强度加剧的洪水、风暴和热浪，以及供水限制等风险。[11] 并且，低收入群体面临的风险最大，因为他们通常生活在位于洪水或山崩多发地区的非正规住区，缺乏排水渠及其他

6. Dodman 2009, op. cit.

7. David Satterthwaite, 'The implications of population growth and urbanization for climate change', 'Environment and Urbanization', Vol. 21, No. 2, 2009, p.545–567

8. Patricia Romero-Lankao, 'Are we missing the point? Particularities of urbanization, sustainability and carbon emissions in Latin American cities', 'Environment and Urbanization', Vol. 19, No. 1, 2007, pp.157–175

9. Peter Newman, 'The environmental impact of cities', 'Environment and Urbanization', Vol. 18, No. 2, 2006, pp.275–296

10. Tom Chance, 'Towards sustainable residential communities: The Beddington Zero Energy Development (BedZED) and beyond', 'Environment and Urbanization', Vol. 21, No. 1, 2009, pp.527–544

11. David Satterthwaite, Huq Saleemul, Mark Pelling, Hannah Reid and Patricia Romero-Lankao, 'Adapting to Climate Change in Urban Areas: The Possibilities and Constraints in Low- and Middleincome Nations', IIED, London, p.107

必要的保护性基础设施。气候变化讨论中的优先事项往往忘记了这一点。这些风险并不容易解决，尤其是对国际援助机构而言，因为他们对城市区域漠不关心，并且对于支持当地推动的有利于穷人的必要手段也显得无能为力。

弗朗西斯·培根的《新亚特兰蒂斯号》，1626 年

他人观点　后永续性

马克·哲伯克

　　世界各地的建筑院校正在经历一场或许是自现代主义出现以来，意义最为重大的教育变革。它就是所谓的"可持续性"。高校拥护它，建筑事务所专门研究它，政治家需要它，公司企业支持它。但是，历史事实使得这种发展笼罩着悲观主义色彩。对于我们生活在一个不可持续的世界上这一点，没有人会反对，但是"可持续的发展"是否真的可以改变人类的历史进程？在几十年的时间内，我们是否可以实现有史以来最伟大的文明革命？答案是否定的。我们生活在一个"后永续"的世界，并且应该据此设计我们的城市和建筑。我们不必为大学院系戴上如"可持续设计"或"可持续能源管理"等类似的头衔，而应当寻求一些如"后永续建筑和城市"等更为实事求是的系名。

　　在"可持续性"这片新天地中，最大的误解之一在于管理将解决所有问题，因而我们所需要的只是更好的总体规划。总体而言，规划固然重要，但是与新生的"可持续发展文化"融合的"总规文化"应当受到质疑。总体规划起源于20世纪60年代，当时城市的失败隐约显现，城市领导人希望寻求一种方式来恢复城市中心区的信心，并营建对城市用途和命运的积极感知。最初，总体规划是确定和执行分区法规和场地利用条例的基础，但在20世纪80年代，总体规划的范围扩大，囊括了旅游、文化等问题。城市中心区已不再被随意推倒，而是作为受到保护的城市环境。从这个角度来讲，刻写在资本主义发展历程中的现代主义城市的理想，逐渐与所谓的传统城市的残留物融合在一起。所有这些拼凑成一幅不是太新、也不算太旧的城市意象，拼凑成一幅由街区所有权（Block Ownership）这一现代理念与受理性约束的对当地语境的眷恋之情杂糅而成的图像。到20世纪90年代中后期，总体规划范围再次扩张，纳入了生态问题；开始涉及公园、水景和覆顶的步行商业街。水体几乎总是蜿蜒曲折，并且面向新近流行的"地标建筑"。效果图上人们沿着河滨长廊悠闲地漫步，而从来不是像现实中所见到的那样，成群结队地出现在城市或棚户区等构成城市结构最为主要的地区。

　　总体规划不是城市，而是城市的幻象，并且已经被大量复制，以至于人们已经难以发现陌生之处。社会、经济以及政治问题都被图像处理掉了。总体规划本应该是一个过渡，以帮助城市在备受质疑的时代生存。但现在，已经有越来越多的人生活在城市，并且城市的密度与日俱增，因而我们需要的不再是新的或改进的总体规划，而是对城市新的解读，特别是在剥离总体规划对自然和人类行为的情感伪装之后对城市的理解。[1]一座生态城市应该与生态革命进行对话。

但这场革命是什么呢？

毫无疑问，"可持续性"是这场革命的错误代码。随着水平面上升，含水层枯竭，草地变成了沙漠，人们迁徙并重新定居（就全球而言，所有都是基于"民主只是一个边缘化条件"这样的语境下），我们可以预见"社会对抗"将大规模崛起，进而加剧为了霸权或生存而对自然资源的掠夺。基本上，可持续性无法阻止全球变暖以及由此引发的社会政治变革。那么，为什么我们要承诺一种幻象？这一切并不意味着我们需要快马加鞭地找到问题的解决方法，而是意味着我们的思考需要超越安逸的承诺。这个承诺就是，只要我们能够减少我们的碳足迹，一切都会迎刃而解。

我们并非要创造一个平和安静的幻象——"永续"世界，而是要问：一个基础设施失败的城市会是什么模样？一个不得不捍卫其水源的城市会呈现怎样的景象？一个因为政治联盟失败而与国外市场切断了联系的城市会是怎样？当本地资源正在被极权政府榨取的时候，城市会是什么样子？一个无证居民占总人口的10%的城市是什么样子？一个孩子无法接受教育的城市又会是什么样子？这些都不是社会学的问题，而是设计的问题。这也是今天，而不是未来的情势，但我们常常把它们放置于我们思考的边缘，并将问题归咎于糟糕的规划、贫穷和腐败。但是，从这些城市，我们可隐约窥见包括欧美地区在内的所有地区未来的真实生活。这意味着屋顶绿化、生态景观设计、废物管理、文物维修、能源教育虽然重要，但都只是显示出改良主义的局限性的权宜之计。我们的世界将永远不会是可持续的，这意味着，政治界和学术界的使命都将是如何营建适合后永续世界的城市和建筑。

我的批判对于许多新近设计的所谓的生态城市都是适用的，包括庄严肃穆的欧式风格的菲律宾苏比克湾项目（Koetter, kim and Associatesl），小镇风格的荷兰伊克鲁尼（Ecolonia）生态节能示范项目（Atelier Lucien Kroll），现代主义风格的澳大利亚哈利法克斯生态城项目（保罗·弗朗西斯市中心），购物商场风格的加利福尼亚州格伦代尔镇中心（Elizabeth Moule and Stephanos Polyzoides），19世纪风格的德国科尔西斯特费尔德（Kirchsteigfeld）小镇（Rob Krier/Christoph Kohl）。以上所有项目都显示出，我们为了将城市变绿几乎无所不用其极。然而，我们的城市真的改变了吗？在上述所有具有典型性的地方，自然不过只是一个令人愉悦的背景。给建筑披上绿常春藤，或在屋顶上种草植树的趋势是对我们需要完成的事情的拙劣仿作。从建筑师和规划者的角度来看，最终的结果是，我们更彻底地抹去了更加激进和诚实地思考城市的能力。

负有盛名的马斯达尔城似乎是一个例外，但事实并非如此。官方网站不止一次地声明这座城市的本质。而实际上，它是企业的聚集地，"一个全球性的中心，这里1500家公司汇集在一起致力于解决人类面临的最大挑战之一。"[2]如今，凡是有街道、倒影池、公共交通节点和各类建筑物和风力涡轮机的地方都被称为生态城市。这正是几十年来伴称总体规划就是城市的直接后果。

在基于可持续发展神话的绿色建筑和基于服务精英的城市生活幌子之间，存在着一定的差距。幸运的是，能够在城市尺度进行思考，且不堕入总体规划的陈词滥调的建筑师日益增多。例如，2006 年举行的光明城市设计竞赛计划在中国南部建立一座容纳 50 万人的生态城市。值得注意的是，跻身决赛的三位获奖者中，没有一位是城市规划者！这是一个城市规划者需要注意的消息。"最绿色"的项目是由林纯正及其第 8 工作室提出的。这个项目名为"智能城市"，由人造的可供居住的山丘不仅限定了城市，还包含了水产养殖梯田和垂直农场。山体的总体结构基本上是"城市－经济－景观"，最大限度利用了自然采光、通风和视觉景观。在山丘之间的水道两旁，设有人造沙滩和休闲区。整个水道用小船相互联系。该计划看起来是"乌托邦"式的，但在原则上它没有超越现今的能力。

我们可以将这个项目与著名作家兼规划师、国际生态城市会议推动者理查德·雷吉斯特（Richard Register）的生态城市相比较。雷吉斯特想要"重塑"城市为"健康长久的人类和自然系统"[3]。尽管环保主义者及其相关的城市行动——通常在现有城市条件上加以改造——非常重要且需要我们的支持，但是城市设计并非如此。雷吉斯特的著作《生态城市》中充满了奇形怪状的建筑，其中一些形体相当巨大，并且被无厘头地披上了生机勃勃的植物绿色粘状物质，散发着夏天幸福城市的童话般的心情。[4] "自然"是快乐、友好和绿意盎然的。

第 8 工作室绝不是唯一一家尝试脱离上述预想的公司。他们将农业整合入城市，径直挑战自然和城市之间的区别。这不是为了满足当地农产品的需求，而是为了拆除城市和农业两个概念之间的屏障。不幸的是，我们的学术界内还没有踏出这飞跃性的一步。我们仍然有"城市规划系"与"园林系"之分。多么精细的分工！在后永续世界里，这些院系的名称都将会消失。只要能因此摆脱守旧的预想，源自拉丁文的"城市"（Urban）一词也应当被废止。"自然"一词亦如此。"自然"已经被人类操纵于股掌之间长达几千年，但在 19 世纪初（正值工业革命开始变本加厉地剥削地球资源的时候），浪漫主义创造了一种幻觉，认为大自然是如此广袤富饶，以至于没有任何事物可能破坏它。今天，我们每个人都非常清楚，真实情况并非如此。即使寻遍整个欧洲，也很难找到任何一个可以真正成为"自然"的地方。自始至终，自然都是受到资本连同规划和监管机构的操控。问题的重点不是我们需要放松管制，进而让自然"成为自然"。因为，即使在世界上最为偏远的地方，也已经没有所谓的"自然"了。

虽然智能城市迫使我们放弃学术界惯有的区分，它同样也不会忘记在后持续时代"愉悦"一词悲剧性的歧义。面对着"人工沙滩"的背景，智能城市计划了一场文化革命，其中城市居民同时也是农民。这将是一个"从优雅中堕落"的文明，还是一个新诞生的文明？命题注定是讽刺性的，但是，难道我们就真得应该一笑了之？

1. In 'Sustainable Architecture and Urbanism' we read that 'the principles of sustainable development encompass an appreciation of social and cultural roots,' which lead the 'protection of characteristic residential districts' [Dominique Gauzin-Müller, 'Sustainable Architecture and Urbanism', Bern, Birkhäuser, 2002, p.87. It is hard to know what is meant by this 'appreciation.' Its impossible to shape a city in the context of the eco-revolution, unless these historic districts are recognized as part of museo-urbanism suitable, for attracting boutiques, restaurants and residences for the elite.

2. www.masdarcity.ae/en/index.aspx (accessed August 3, 2009)

3. www.ecocitybuilders.org/

4. Richard Register, 'Ecocities, Rebuilding Cities in Balance with Nature', New Society Publishers, Gabriola Island, 2006, pp.81, 193

鸣谢项目 ＋ 图片

鸣谢项目

Guangming Smartcity
Shenzhen, China; 2007
commissioned by: Shenzhen Municipal Planning Bureau
design team: CJ Lim/Studio 8 Architects with Pascal Bronner,
Ed Liu, Daniel Wang, Lukas Wescott, Barry Cho, Nikolay
Salutski, Jacqueline Chak, Anabela Chan, Dimitris Argyros,
Alleen Siu, Maxwell Mutanda, Thomas Hillier, Adeline Wee,
Andreas Helgesson, Tomasz Marchewka, Jonathan Hagos, Ben
Masterton-Smith, Chen Chen Pang, Lei Guo, Louise Yeung
consultants: Fulcrum Consulting (environmental + sustainability
engineers) Andy Ford, Brian Mark, Jules Saunderson, Shao-Nan
Fan, Chani Leahon; Techniker (structural engineers) Matthew
Wells; Alan Baxters + Assoc. (transport) David Taylor, Darrell
Morcom, Angus Laurie; Urban Plannning + Design Institute
of Shenzhen (local planners) Zhou Jin, Yang Xiaochun, Zhu
Zhenlong
Total Area: 7.97km^2

Daejeon Urban Renaissance
Daejeon, Korea; 2007
commissioned by: Daejeon Metropolitan City
design team: CJ Lim/Studio 8 Architects with Pascal Bronner,
Barry Cho, Maxwell Mutanda, Frank Fan
consultant: Techniker (structural engineers)
Total Area: 0.89km^2

Central Open Space: MAC
Yeongi-gun, Korea; 2007
commissioned by: Government Administrative City Agency +
Korean Land Corporation
design team: CJ Lim/Studio 8 Architects with Pascal Bronner,
Dimitris Argyros, Daniel Wang, Alleen Siu, Thomas Hillier, Martin
Tang
consultants: Techniker (structural engineers) Matthew Wells;
Fulcrum Consulting (environmental + sustainability engineers)
Brian Mark; KMCS (quantity surveyors) Colin Hayward, Martin
Taylor, David Finlay
Total Area: 6.982km^2

Nordhavnen Smartcity
Copenhagen, Denmark; 2008
commissioned by: CPH City + Port Development
design team: CJ Lim/Studio 8 Architects with Pascal Bronner,
Kar Man Leung, Rachel Guo, Barry Cho, Thomas Hillier, Maxwell
Mutanda, Yongzheng Li, Loui Lim
consultant: Fulcrum Consulting (environmental + sustainability
engineers); Techniker (structural engineers)
Total Area: 2.0km^2

The Tomato Exchange
London, UK; 2009
design team: CJ Lim/Studio 8 Architects with Jen Wang,
Yongzheng Li, Frank Fan, Barry Cho
consultant: Techniker (structural engineers)
Total Area: 0.008km^2

Dongyi Wan East Waterfront
Shunde, China; 2009
commissioned by: Dongseng Real Estate Development
design team: CJ Lim/Studio 8 Architects with Rachel Guo, Jen
Wang, Pascal Bronner, Kar Man Leung, Julia Chen
local architect: OS Partnership China
consultant: Techniker (structural engineers); Fulcrum Consulting
(environmental + sustainability engineers)
Total Area: 0.22km^2

DuSable Park
Chicago, USA; 2001
commissioned by: Laurie Palmer
supported by: Illinois Arts Council, R Driehaus Foundation
Graham Foundation, USA
design team: CJ Lim/Studio 8 Architects with Michael Kong
consultant: Techniker (structural engineers)
Total Area: 0.012km^2

Guangming Energy Park
Shenzhen, China; 2008
commissioned by: Shenzhen Municipal Planning Bureau
design team: CJ Lim/Studio 8 Architects with Dimitris Argyros,
Barry Cho, Kelly Chan, Louise Yeung
consultants: Fulcrum Consulting (environmental + sustainability
engineers); Techniker (structural engineers)
Total Area: 2.37km^2

Nanyui Urban Living Room
Shenzhen, China; 2008
commissioned by: Shenzhen Municipal Planning Bureau, Jin
Long Real Estate, Fu An Na Real Estate
design team: CJ Lim/Studio 8 Architects with Yongzheng Li,
Pascal Bronner, Sarah Mui, Thomas Hillier, Maxwell Mutanda,
Barry Cho, Jacqueline Chak, Martin Tang
consultants: Fulcrum Consulting (environmental + sustainability
engineers) Andy Ford, Christoph Morbitzer, Annie Babu;
Techniker (structural engineers) Matthew Wells
Total Area: 0.5km^2

Redcar Seafront Development
Redcar, UK; 2009
commissioned by: Redcar + Cleveland Partnership
design team: CJ Lim/Studio 8 Architects with Thomas Hillier,
Maxwell Mutanda, Barry Cho
consultants: Techniker (structural engineers) Matthew Wells;
KMCS (quantity surveyors) Colin Hayward, David Finlay; Fulcrum
Consulting (environmental + sustainability engineers) Andy Ford
Total Area: 0.168km^2

Southern Science + Technology University
Shenzhen, China; 2008
commissioned by: Shenzhen Municipal Planning Bureau
design team: CJ Lim/Studio 8 Architects with Pascal Bronner,
Sarah Mui, Barry Cho, Maxwell Mutanda, Thomas Hillier,
Jacqueline Chak, Martin Tang, Loui Lim, Yongzheng Li
consultants: Techniker (structural engineers); Fulcrum
Consulting (environmental + sustainability engineers)
Total Area: 2.0km^2

Newark Gateway Project
Newark, USA; 2009
commissioned by: AIA Newark + Suburban
design team: CJ Lim/Studio 8 Architects with Jen Wang, Barry
Cho, Pascal Bronner, Daniel Wang
consultant: Techniker (structural engineers)
Total Area: 0.25km^2

Imagining Recovery
USA; 2009
design team: CJ Lim/Studio 8 Architects with Ed Liu, Rachel Guo,
Jen Wang
Total Area: -
Note: Illustrated in the chapter 'Urban Utopias and the
Smartcity'

鸣谢图片

8 NASA Earth Observatory

11 RIBA British Architectural Library

13, 246 Public Domain Images

17 Bettmann / CORBIS

30 Bernd Felsinger

40-41 Pascal Bronner

198 Fulcrum Consulting

236 Bettmann / CORBIS

all other images CJ Lim / Studio 8 Architects